ビギナーズ
化学工学

林 順一・堀河俊英 著

化学同人

はじめに

われわれの生活は合成繊維，医薬品，化粧品，ガソリンなど，さまざまな化学製品によって支えられている．化石資源や天然資源を原料とし，それらに化学反応などさまざまな操作を加えることによって，これらの製品は製造されている．最近は資源，エネルギー，環境などの問題があるため，効率よく安全に化学製品を製造することが求められている．

実験室でビーカーやフラスコなどを使って得られた成果を実際の生活に届けるには，大規模生産が必要であり，そのために発達した学問が化学工学である．化学工学はその名の通り化学産業を対象として始まったが，現在では化学産業に限定されることなく，エネルギー・環境問題の解決，さまざまな最先端技術などにも応用され，役立っている．

本書は，大学や高専で化学工学をはじめて学ぶ学生（まさに，化学工学のビギナーズ）を対象にしており「化学工学の考え方の基礎を学ぶ」という観点から編纂された．本書は三部，15章から構成されている．

第Ⅰ部の「化学工学量論」は第1～6章からなる．第1章では，化学工学とはどのような分野から成り立っているかを説明し，化学産業だけでなく，エネルギーや環境など多くの分野で応用されていることを述べた．第2～6章では物質収支とエネルギー収支について，単位の扱い方，換算の方法（第2章），操作方法の分類，濃度や流量の表し方，反応を伴わない物質収支（第3章），単位操作の解説と単位操作における物質収支（第4章），装置間での物質の流れ（第5章），エネルギー収支（第6章）に分けて述べた．

第7～9章が第Ⅱ部の「反応工学」である．反応操作の概要，反応器の種類，反応速度の表し方（第7章），反応時間と反応率との関係を表す設計方程式の導出（第8章），反応速度の算出方法と反応操作の決定法（第9章）を解説した．

第Ⅲ部は「移動現象」で，第10～15章からなる．前半の第10～12章では，流体の性質と管路内の流体の流れ（第10章），流体の輸送に必要なエネルギー（第11章），圧力と流量の測定（第12章）について述べた．後半の第13～15章では，伝熱の性質と伝導伝熱（第13章），対流伝熱（第14章），熱交換器の設計（第15章）に分けて述べた．

また付録の章として，非定常状態での物質収支も収録した．

さらに巻末には，「化学工学ミニ用語集」として，本書に出てくる重要な用語に英語を付し，簡単な解説をつけた．本書で得た知識の確認・整理に役立ててほしい．

化学工学に関する書籍の多くは，物質収支とエネルギー収支と単位操作は別の章に分けられ，さらに単位操作は操作ごとに分けられて，それぞれについて設計や操作の方法が示されている．一方，本書では，すべての単位操作の設計や操作に共通した基本となる「物質収支とエネルギー収支の考え方」を理解することに重点をおき，各単位操作の詳細については他書に譲った．

また，式の使い方などをより具体的に理解できるように，例題とその詳細な解答を盛り込んだ．さらに章末問題を多数用意し，理解の定着をはかった．左右のマージン部分に ☞ one rank up! という本文を補

足する欄を設けるなど，読者の理解を助けるための配慮を心がけた．

　本書は，大学や高専の化学系学科向けの半期用テキスト（あるいは参考書）として執筆されているが，他分野の学生や技術者が化学工学の手法を知るための最初の一冊としても最適だと考えている．

　初心者が化学工学の考え方の基礎を学ぶことを目的としているため，本書は化学工学の全分野はカバーしていない．また，式が複雑にならないようにするため，物質収支や熱収支については定常状態を基本とし，反応についても単一反応で温度・圧力一定という非常に単純化された状態だけを考えている．それだけでは不十分な面もあるだろうが，**初心者が化学工学という学問の考え方に興味をもち，その基本を習得できれば本書の役割は十分に果たしたと考える**．本格的に化学工学を学ぶための優れた書籍はたくさんあるので，深く学びたい方は本書に続けてそれらを読んでいただきたい．

　初心者向きとはいえ，取りあげたほうがよい事柄が落ちていたり，より詳細な解説が必要な箇所があったりなど，不備も多いと思う．ご叱正をお願いしたい．

　本書を執筆するにあたり，多くの優れた著書を参照した．さらに，橋本健治京都大学名誉教授には原稿段階で数多くの有用なアドバイスをいただいた．ここに感謝の意を表したい．また，大林史彦氏をはじめとする化学同人編集部の方々には，執筆が遅れがちだったこと対するお詫びと，内容を理解しやすくする工夫をいろいろご提案いただいたことに対する心からの御礼を申し上げる．

2013年3月　著者記す

◆ 目　　次 ◆

第 I 部　化学工学量論

第1章　化学工学とは　　1

1.1　化学工業と化学工学 …………… 1
1.2　化学工学の応用 ………………… 4

第2章　単位の話　　5

2.1　単位とは ………………………… 5
 2.1.1　基本単位と組立単位　5
 2.1.2　基本単位　6
 2.1.3　組立単位　6
 2.1.4　10の階乗を表す接頭語　7

2.2　化学工学でよく使う「量」 …… 7
 2.2.1　密度，比重，比容(比容積)　7
 2.2.2　圧力　8
 2.2.3　温度・温度差　8
 2.2.4　熱量・比熱容量(比熱)　8

2.3　単位の換算 …………………… 8
章末問題　10

第3章　物質収支計算の基礎　　11

3.1　物質収支 ……………………… 11
3.2　化学装置の操作方法 ………… 11
3.3　混合物の組成 ………………… 12
 3.3.1　質量分率と質量百分率　13
 3.3.2　体積分率と体積百分率　13
 3.3.3　モル分率とモル百分率　13
 3.3.4　体積分率とモル分率　13

 3.3.5　体積濃度　14
3.4　流量 …………………………… 14
3.5　物質収支の基礎式 …………… 14
3.6　物質収支の計算手順 ………… 16
3.7　反応を伴わない操作の物質収支 …… 16
章末問題　18

第4章　単位操作における物質収支　　19

4.1　蒸発操作における物質収支 ……… 19
4.2　ガス吸収操作における物質収支 …… 24
4.3　吸着操作における物質収支 ……… 28
4.4　抽出操作における物質収支 ……… 31
 4.4.1　液–液抽出　31
 4.4.2　液組成の表し方　31
 4.4.3　液–液抽出における平衡　32

 4.4.4　液–液抽出における物質収支　33
4.5　蒸留操作における物質収支 ……… 36
 4.5.1　単蒸留　38
 4.5.2　連続単蒸留　39
 4.5.3　精留　41
4.6　反応を伴う操作の物質収支 ……… 42
章末問題　47

第5章 化学プロセスにおける物質収支　51

5.1 リサイクルを伴う化学プロセスにおける
　　物質収支 …………………………… 51

5.2 反応と分離を伴う化学プロセスにおける
　　物質収支 …………………………… 52
　　章末問題　54

第6章 エネルギー収支　57

6.1 熱収支 ……………………………… 57
6.2 エンタルピー変化の計算 ………… 58
　　6.2.1 化学反応を含まない場合のエンタルピー
　　　　　変化　58
　　6.2.2 顕熱　58
6.2.3 潜熱　59
6.2.4 化学反応を含む場合のエンタルピー
　　　変化　61
章末問題　63

第Ⅱ部　反応工学

第7章 反応と反応器の種類，反応速度の表し方　65

7.1 反応の種類 ………………………… 65
　　7.1.1 単一反応と複合反応　65
　　7.1.2 均一反応と不均一反応　65
7.2 反応器の操作法 …………………… 66
　　7.2.1 回分操作　67
　　7.2.2 連続操作(流通操作)　67
　　7.2.3 半回分操作　67
7.3 反応器の形状 ……………………… 67
　　7.3.1 槽型反応器　67
　　7.3.2 管型反応器　67

7.4 反応速度 …………………………… 68
　　7.4.1 反応速度の定義　68
　　7.4.2 複合反応の反応速度　69
　　7.4.3 反応速度式　70
7.5 物質量と反応率 …………………… 72
7.6 濃度と反応率 ……………………… 74
　　7.6.1 定容系と非定容系　74
　　7.6.2 濃度と反応率　75
章末問題　79

第8章 反応器の設計方程式　81

8.1 反応器の設計方程式 ……………… 81
8.2 回分反応器(BR)の設計方程式 …… 83
8.3 連続槽型反応器(CSTR)の設計方程式　83
8.4 管型反応器(PFR)の設計方程式 … 84

8.5 設計方程式についてのまとめ …… 86
8.6 連続槽型反応器(CSTR)と管型反応器
　　(PFR)の性能比較 ………………… 89
章末問題　90

第9章 反応速度の解析と反応器設計　93

9.1 反応速度の解析 …………………… 93
9.2 反応器の設計 ……………………… 95
　　9.2.1 回分反応器(BR)　95

9.2.2 連続槽型反応器(CSTR)　97
9.2.3 管型反応器(PFR)　99
章末問題　101

第 III 部　移動現象

第 10 章　管内流動　103

10.1 流体の性質 …………………… 103
　10.1.1 流体の圧縮性と粘性　103
　10.1.2 粘性係数の単位　105
10.2 連続の式とベルヌーイの定理 …… 106
　10.2.1 連続の式　106
　10.2.2 ベルヌーイの定理　108
　10.2.3 機械的エネルギー収支　111
10.3 層流と乱流 …………………… 114
　10.3.1 円管内層流　117
　10.3.2 円管内乱流　118
章末問題　119

第 11 章　流体の輸送　121

11.1 直管内流れの摩擦エネルギー損失と圧力損失 ……………………… 121
11.2 摩擦エネルギー損失以外の機械的エネルギー損失 ………………… 125
　11.2.1 管路断面積の急激な変化による損失　125
　11.2.2 継手や弁などの管付属品による損失　126
11.3 輸送動力 ……………………… 127
章末問題　129

第 12 章　圧力，流量の測定　131

12.1 圧力の測定 …………………… 131
　12.1.1 マノメータ　131
　12.1.2 弾性式圧力計　132
12.2 流量の測定 …………………… 133
　12.2.1 オリフィス計　133
　12.2.2 ベンチュリ管　135
　12.2.3 ロータメーター　135
12.3 流速の測定 …………………… 135
　12.3.1 ピトー管　135
章末問題　137

第 13 章　伝導伝熱による熱移動　139

13.1 フーリエの法則と熱伝導度 …… 140
13.2 平面壁内の伝導伝熱 ………… 141
　13.2.1 単一平面壁　141
　13.2.2 多層平面壁　141
13.3 円筒状固体内の伝導伝熱 …… 144
　13.3.1 単一円管壁　144
　13.3.2 多層円管壁　146
章末問題　147

第 14 章　対流伝熱による熱移動　149

14.1 固体と液体間の対流伝熱 …… 149
14.2 固体壁を挟んだ二つの流体間の対流伝熱 ……………………… 151
14.3 次元解析と境膜伝熱係数の実験式　154
　14.3.1 管内乱流の場合　156
　14.3.2 管内層流の場合　156
章末問題　157

第 15 章　熱交換器　159

15.1 熱交換器の構造 …………………… 159
15.2 熱交換器の伝熱面積の計算 ……… 160

章末問題　163

付録　非定常状態での物質収支　165

A.1 反応を伴わない場合の非定常状態での物質収支 …………………………… 165
A.2 反応を伴う場合の非定常状態での物質収支 …………………………… 167

章末問題　168

化学工学ミニ用語集　171

章末問題略解　177

索　引　179

第1章 化学工学とは

【この章の概要】

　化学工学という学問は高校の科目にもなく，あまり馴染みがないかもしれない．しかし化学工学は，意外にも身近な生活にかかわっている学問である．この章では，化学工学という学問がどのようなものかを，直接関連する化学工業を例に説明する．そして，さらに化学工学の対象が化学工業以外にもあることを述べる．

1.1　化学工業と化学工学

　われわれの身のまわりには化学繊維，プラスチック，医薬品，化粧品，ガソリンに代表される，多くの化学製品がある．これらの化学製品は，原料を加熱，粉砕，混合（物理的変化）し，さらに反応（化学変化）させて製造される．

　今，実験室のフラスコの中で新しい物質が合成できたとする．これを大量生産するにはどうすればよいだろうか．高さ数十メートルもあるフラスコを作り，その中で合成すればよいというものではない．工業的には，原料を混ぜるなどして調整し，反応装置で反応させて混合物を得て，それを精製して物質を大量生産する場合が多い（図 1.1）．つまり，「原料調整」，「反応」，「分離・精製」という三段階の工程で製品が得られる．

　この中で「原料調整」は前処理に，「分離・精製」は後処理にあたる．前処理の「原料調整」では原料の不純物を取り除き，所定の割合で混合し，温度・圧力を調整して反応装置に送り込む．「反応」工程では文字通り反応が起こり目的とする生成物が生じるが，それ以外にも副反応によって副生成物が生じる．また，原料がすべて反応せず，未反応の原料が残る．これらの混合物から目的とする生成物を分離して精製する工程が「分離・精製」工程である．分離された未反応原料はリサイクルされ「原料調整」工程へ戻される．このような一連の製造工程

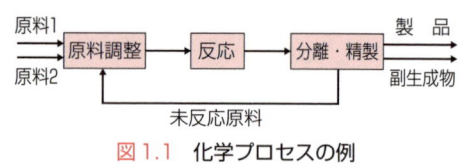

図1.1 化学プロセスの例

のことを**化学プロセス**(chemical process)，あるいは単にプロセスという．また，図1.1に示すような化学プロセスがいくつか集まって一つの大規模な化学プロセスになる場合もある．

　化学プロセスは，目的とする化学製品によって異なる．化学製品が工業的に製造されはじめた頃は，化学プロセスは経験に基づいて設計，操作されており，体系化された設計方法が確立されていなかった．

　そこで，化学プロセスをいくつかの基本的な共通の操作(**単位操作**，unit operation)の組み合わせであると考えた．それぞれの単位操作は，エネルギーを供給して物質に物理的変化や化学的変化を与えることが目的である．質量保存則やエネルギー保存則など，熱力学その他の諸原理に基づいて単位操作の操作法や設計方法を一般化して体系化することにより，あらゆる化学プロセスの設計，操作法に対応できるようにしようという考えが提唱された．これが化学工学の始まりである．

　先にも述べたように，単位操作の操作法，設計法は質量保存則やエネルギー保存則に基づいている．つまりある操作では，装置にどの物質がどれだけ流出入するか，エネルギーがどれだけ流出入するかを定量的に把握する必要がある．そのためには「**物質収支**(material balance)」と「**エネルギー収支**(energy balance)」が基礎となる．本書の第Ⅰ部(第1～6章)では，この「物質収支」に重点をおいて単位操作，単位操作間の物質の流れについて述べる．また，分離に関する単位操作である抽出，ガス吸収，蒸留についても簡単に述べる．

　化学プロセスの中で最も中心的な工程は「反応」であり，この工程ではさまざまな反応装置が用いられている．これらの反応装置を操作，設計するために発展したのが反応工学である．この反応工学も，根底にあるのは「物質収支」である．本書の第Ⅱ部(第7～9章)では，反応工学の基礎となる部分についてとりあげる．

　化学プロセスでは単位操作間の物質の輸送や物質の加熱なども重要となる．本書の第Ⅲ部(第10～15章)では，物質の移動と伝熱についての基礎となる項目について述べる．

　また，化学プロセスを総括的に見て，機器の選定，設計，操作を最適な状態に設定して安全な運転操作を実現するのがプロセスシステム工学である[*1]．

　化学工学の学問体系をまとめると次のようになる．

☞ one rank up !
単位操作
化学プロセスにおける最小基本単位．蒸留，蒸発，ガス吸収，乾燥，晶析，撹拌混合などがある．これらの組み合わせによって化学製品が製造される．

☞ one rank up !
物質収支とエネルギー収支の重要性
単独の単位操作内だけでなく，単位操作の組み合わせで成り立っている化学プロセスを設計，操作する際にも，単位操作間での物質の流れとエネルギーの流れを定量的に把握する必要がある．ここでも，物質収支とエネルギー収支が重要となる．

*1　本書では扱っていない．

①物質収支とエネルギー収支
　プロセスの物質とエネルギーの流れを定量的に把握する学問．化学反応による各成分の量的な変化を明らかにし，反応熱などの値を得る必要がある．
②移動現象（流動，伝熱，物質移動）
　流体の流れ，熱や物質の移動の解明など，単位操作の基礎となる学問．それらの間には相似的な関係がある．
③反応工学
　反応過程を解析し，反応速度を測定して定式化する．この反応速度と流体，熱，物質の移動現象に基づいて反応装置を合理的に設計し操作するための学問．
④分離工学
　物質を分離するための学問．分離は平衡状態にある相の間（気－液相間，固－液相間，気－固相間，気－液－固相間）のそれぞれの相の各成分の組成の差，物質移動の速度差を利用する．具体的には，蒸留，ガス吸収，抽出，吸着，晶析，膜分離などがある．
⑤プロセスシステム工学
　ひとつひとつの装置を安全に運転するためだけでなく，プロセス全体を通して効率的に安全に運転するためのプロセスを構成し，制御するための学問．

　本書では，順序は異なるが①，②，③を取り上げている．④については①の中で装置の概要などについて簡単に触れている．

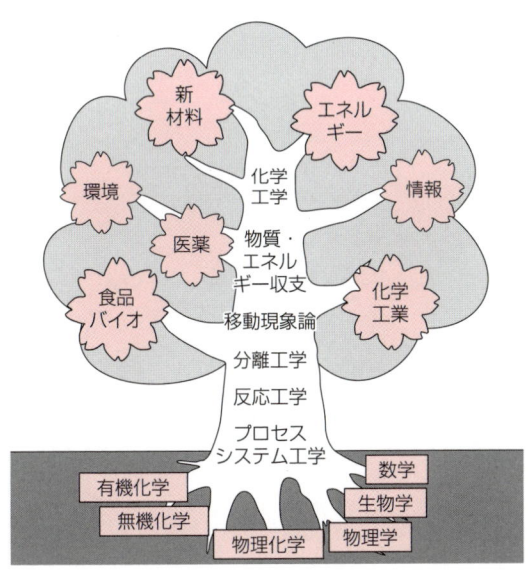

図1.2　化学工学の広がり

1.2 化学工学の応用

化学工学は化学プロセスを中心にして発展していったが,その応用範囲は化学プロセスに限定されるわけではない.物質の流れ,エネルギーの流れを定量的に把握するという化学工学の方法論は,エネルギー,環境,新素材,バイオなどの分野にも広く応用できる.このように,化学工学の知識は科学技術発展の大きなツールとなる.図1.2に,ベースとなる学問と化学工学の関係,さらに化学工学が重要な役割を果たす応用分野との関係を模式的に示した.

> **one rank up！**
> **化学工学を学ぶための基礎学問**
>
> 化学工学では物質の流れ,エネルギー,化学反応を定量的に扱うため,数学,物理学,物理化学,無機・有機化学,生物学などの学問が基礎となる.また,実際の化学プロセスの設計や運転には,コストという重要なファクターがある.そのため,経済学も基礎学問に入れるべきかもしれない.

第2章 単位の話

【この章の概要】

化学装置や化学プロセスを設計し，効率よく安全に操作するためには，装置内や装置間を物質やエネルギーがどのように流れているかを定量的に扱うことが非常に重要である．

本章では，物質の流れやエネルギーの流れを定量的に扱うために必要な「単位」について学ぶ．単位の成り立ちや単位の換算について解説した．

2.1 単位とは

2.1.1 基本単位と組立単位

長さ，質量，時間，温度のような**物理量**(physical quantity)の大きさは，基準の値に対して，その何倍かで表される．その基準となる物理量の大きさが**単位**(unit)である．たとえば「1 m(メートル)」は長さという物理量の単位である．そして 5.5 m とは，長さの単位(1 m)の 5.5 倍，つまり 5.5 × 1 m ということである．

物理量の計算は，数学の文字式と同じように取り扱える．

$3\,\mathrm{m} + 4\,\mathrm{m} = 7\,\mathrm{m}$　(文字式の $3a + 4a = 7a$ と同じ)

$5\,\mathrm{kg} - 3\,\mathrm{kg} = 2\,\mathrm{kg}$

このように，同じ単位であれば足し算，引き算ができる．しかし，異なる物理量の足し算，引き算はできない．

$1\,\mathrm{m} + 2\,\mathrm{kg} = ?$

現実的にも，1 m のロープに 2 kg の肉を足す意味がわからない．

これに対して，かけ算，割り算は物理量が異なっていても可能である．たと

☞ **one rank up!**

物理量と単位の関係

他書では本書での記述とは異なり，単位とは物理量を表す手段であると記述されている場合もある．つまり，数値に単位である「kg」や「s」がつけば，その数値が質量や時間という物理量の大きさを表していることがわかる．この場合でも，物理量の計算は，本書で記述したように数字や文字式と同じように取り扱える．

これ以降の単位については，後者のように物理量の大きさは『数値×単位』という形で表されているとして話を進める．

えば，速度は距離(m)を時間(s)で割って求められるので，その単位は m·s^{-1} である．

　長さ(m)，質量(kg)，時間(s)などの独立した単位を**基本単位**(base unit)という．一方，速度など，基本単位の組み合わせによって表される単位を**組立単位**(derived unit)，もしくは誘導単位という．面積(m^2)，加速度(m·s^{-2})も組立単位で表される．

2.1.2　基本単位

　ところで，長さの単位にはメートル，インチ，尺，ハロン，光年などがあり，同じ物理量でも，国や分野によってそれを表す単位が異なる．これでは，非常に煩雑であり不便である．そこで 1960 年に，世界共通の単位として国際単位系(SI)が制定された．

　SI 単位には表 2.1 に示すように，7 種類の基本単位がある．

> **one rank up！**
> **SI 単位**
> フランス語の Le Système International d'Unités(国際単位系)の略称．国や使用する分野によって単位が異なると，換算などが非常に煩雑なので，国際度量衡委員会が 1960 年に「すべての国が採用しうる一つの実用的な単位制度」として決定した．

表 2.1　SI 基本単位

物理量	名　称	記　号
長さ	メートル	m
質量	キログラム	kg
時間	秒	s
電流	アンペア	A
熱力学温度	ケルビン	K
光度	カンデラ	cd
物質量	モル	mol

2.1.3　組立単位

　SI 組立単位の中には固有の名称が与えられているものが 22 種類ある．そのうち，研究者の人名にちなんで名付けられているものが 17 種類ある．

　たとえば，力は質量(kg)×加速度(m·s^{-2})で求められるので，その単位は kg·m·s^{-2} であるが，力の単位にはニュートン(N)という名称が与えられている．また，圧力は単位面積あたりに作用する力なので kg·m·s^{-2} ÷ m^2 =

表 2.2　固有の名称をもつおもな組立単位

物理量	名　称	記　号	定　義
力	ニュートン	N	kg·m·s^{-2} = J·m^{-1}
圧力	パスカル	Pa	kg·m^{-1}·s^{-2} = N·m^{-2} = J·m^{-3}
エネルギー	ジュール	J	kg·m^2·s^{-2} = N·m = Pa·m^3
仕事率	ワット	W	kg·m^2·s^{-3} = J·s^{-1}

kg·m^{-1}·s^{-2} = N·m^{-2} であるが，その単位はパスカル(Pa)という固有の名称をもつ．表2.2にこれら固有の名称をもつ化学工学でよく使われる組立単位の一部を示した．

2.1.4　10の階乗を表す接頭語

標準大気圧(1 atm)をSI単位で表すと 101,300 Pa = 1.013 × 10^5 Pa となり，非常に大きな数字となる．これを見やすくするために，10の整数乗倍を表す**接頭語**(prefix)を用いる．この標準大気圧の場合なら，10^{6}を表すM(メガ)を使えば 0.1013 MPa，あるいは10^{3}を表すk(キロ)を使えば 101.3 kPa と記述できる．逆に非常に小さな数値の場合にも接頭語を使用する．

表2.3に接頭語についてまとめた．パソコンのメモリーやハードディスクの容量を示すメガバイト，ギガバイト，テラバイトの「メガ」，「ギガ」，「テラ」や，台風のときによく耳にするヘクトパスカルの「ヘクト」など，日常の生活でも接頭語が使われている．また，ナノテクノロジーのナノ(10^{-9})も接頭語である（ただし，ナノテクノロジーは単位ではない）．

表2.3　おもな接頭語

大きさ	10^{12}	10^9	10^6	10^3	10^2	10
名称	テラ	ギガ	メガ	キロ	ヘクト	デカ
記号	T	G	M	k	h	da
大きさ	10^{-1}	10^{-2}	10^{-3}	10^{-6}	10^{-9}	10^{-12}
名称	デシ	センチ	ミリ	マイクロ	ナノ	ピコ
記号	d	c	m	μ	n	p

2.2　化学工学でよく使う「量」

2.2.1　密度，比重，比容(比容積)

密度(density)とはある物質の単位体積あたりの質量であり，単位は kg·m^{-3} である．

また，密度と同じ意味合いで用いられる**比重**(specific gravity)は，ある物質の密度と標準物質の密度との比であり，無次元な量である．厳密には，比重を表すには標準物質が何かを明記しなければならないが，通常は4℃の水の密度が基準となる．

比容(specific volume)とは，単位質量の物質の占める体積であり，密度の逆数である．単位は m^3·kg^{-1} である．

2.2.2 圧力

圧力(pressure)は前にも述べたように単位面積あたりに働く力であり，単位はPaである．

圧力には完全な真空を基準(圧力0)とした絶対圧力と，大気圧を基準(圧力0)としたゲージ圧とがある．つまり，これらの圧力の間には**(絶対圧)＝(ゲージ圧)＋(大気圧)**の関係がある(図2.1)．

> **one rank up！**
> **圧力の単位**
> Pa以外にSIではbarとatmの暫定的な使用を認めている．
> 0.1013 MPa ＝ 1.013 bar ＝ 1.000 atm である．

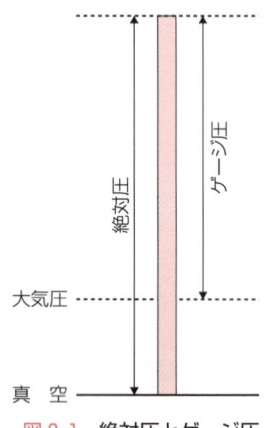

図2.1 絶対圧とゲージ圧

2.2.3 温度・温度差

摂氏温度(セルシウス温度，Celsius' temperature)は，大気圧下での水の凝固点を0度，沸点を100度とした温度で，単位は℃である．**華氏温度**(ファーレンハイト温度，Fahrenheit temperature)は大気圧下での水の凝固点を32度，沸点を212度とした温度で，単位は°Fである．

絶対0度を基準にした熱力学温度(絶対温度)の中には，目盛り間隔が摂氏温度と等しいケルビン温度(単位K)と，華氏温度と目盛り間隔が等しいランキン温度(単位R)がある．

これらの温度間の関係は次のようになる．

華氏温度と摂氏温度との関係：$t_F = 1.8 t_C + 32$ (2.1)

ケルビン温度と摂氏温度との関係：$T_K = t_C + 273.15$ (2.2)

ランキン温度と華氏温度との関係：$T_R = t_F + 459.67$ (2.3)

ケルビン温度とランキン温度との関係：$T_R = 1.8 T_K$ (2.4)

SIではケルビン温度を採用し，摂氏温度の併用も認めている．しかし，華氏温度，ランキン温度の使用は認めていない．

2.2.4 熱量・比熱容量(比熱)

熱量(heat quantity)は物体間を熱として移動するエネルギーの量である．単位はSIではJ(ジュール)であるが，慣用単位としてcal(カロリー)も用いられる．1 cal は 1 g の水を 1 ℃ 上昇させるために必要な熱量である．またJとcalの間には 1 cal ＝ 4.186 J という関係がある．

熱容量(heat capacity)は 1 kg の物質を 1 K(＝1℃)上昇させるのに必要な熱量で，単位は $J \cdot kg^{-1} \cdot K^{-1}$ である．

> **one rank up！**
> **モル熱容量**
> 1 mol の物質を 1 K(＝1℃)上昇させるために必要な熱量をモル熱容量といい，単位は $J \cdot mol^{-1} \cdot K^{-1}$ である．

2.3 単位の換算

異なる単位どうしを換算できる．論文などでは単位はSI単位に統一されつつあるが，まだ完全ではない．また装置，部品などの仕様書は，SI単位以外で書かれているものも多い．例題を通して単位の換算について学んでみよう．

例題 2.1 以下の単位で書かれた物理量を SI 単位で表しなさい．
（1）密度 0.90 g·cm^{-3}
（2）気体定数 $R = 0.08205$ atm·L·mol^{-1}·K^{-1}
（3）比熱容量 4.0 cal·g^{-1}·°F^{-1}

【解答】（1）1 g = 10^{-3} kg, 1 cm = 10^{-2} m なので，数学の文字式と同様に考えてこれらを 0.90 g·cm^{-3} に代入すると

$$0.90 \frac{\text{g}}{\text{cm}^3} = 0.9 \frac{10^{-3}\,\text{kg}}{(10^{-2}\,\text{m})^3} = \frac{(0.9)(10^{-3})}{(10^{-6})} \cdot \frac{\text{kg}}{\text{m}^3} = 900 \frac{\text{kg}}{\text{m}^3}$$

∴ 0.90 g·cm^{-3} = 900 kg·m^{-3}

（2）1 atm = 1.013×10^5 Pa, 1 L = 10^{-3} m^3 を気体定数 R に代入する．

$$R = 0.08205 \frac{\text{atm·L}}{\text{mol·K}} = 0.08205 \frac{(1.013 \times 10^5\,\text{Pa})(10^{-3}\,\text{m}^3)}{\text{mol·K}}$$

$$= (0.08205)(1.013 \times 10^5)(10^{-3}) \frac{\text{Pa·m}^3}{\text{mol·K}}$$

ここで，Pa は固有名の組立単位であり，Pa = N·m^{-2} である．よって Pa·m^3 = N·m = J となる．したがって

$$(0.08205)(1.013 \times 10^5)(10^{-3}) \frac{\text{Pa·m}^3}{\text{mol·K}} = 8.312 \frac{\text{J}}{\text{mol·K}}$$

∴ $R = 8.312$ J·mol^{-1}·K^{-1}

（3）1 cal = 4.186 J, 1 g = 10^{-3} kg である．温度については，(絶対温度)＝(摂氏温度)＋273.15，(華氏温度)＝(摂氏温度)×1.8＋32 という関係がある．しかし，この問いの 4.0 cal·g^{-1}·°F^{-1} の °F は温度そのものではなく「1 °F の温度変化」を意味しており，単純に華氏温度を摂氏温度に変換するのとは異なる．

たとえば，摂氏温度 50 ℃ から 60 ℃ の 10 ℃ の温度変化は，絶対温度では 323.15 K から 333.15 K の 10 K の温度変化，華氏温度では 122 °F から 140 °F の 18 °F の変化に相当する．つまり，それぞれの温度の温度差の関係は

(摂氏 1 ℃ の温度変化)＝(絶対温度 1 K の温度変化)
　　　　　　　　＝(華氏 1.8 °F の温度変化)

となる．これを式で表すと

$$1\,\Delta\text{℃} = 1\,\Delta\text{K} = 1.8\,\Delta\text{°F} \tag{2.5}$$

よって，$1\Delta°\text{F}=(1/1.8)\Delta\text{K}$ となる．これを用いると，以下のようになる．

$$4.0\frac{1\,\text{cal}}{(1\,\text{g})(1\Delta°\text{F})} = 4.0\frac{(4.186\,\text{J})}{(10^{-3}\,\text{kg})\left(\frac{1}{1.8}\right)\Delta\text{K}} = 30140\,\text{J}\cdot\text{kg}^{-1}\cdot\text{K}^{-1}$$

$$= 30.14\,\text{kJ}\cdot\text{kg}^{-1}\cdot\text{K}^{-1}$$

章末問題

1] 次の物理量を（ ）内の単位を使って換算しなさい．ただし，$1.000\,\text{lbf} = 0.4536\,\text{kgf}$，$1.000\,\text{kgf} = 9.807\,\text{N}$，$1.000\,\text{in} = 0.02540\,\text{m}$，$1.000\,\text{lb} = 0.4536\,\text{kg}$，$1.000\,\text{J} = 9.478\times10^{-4}\,\text{Btu}$，$1\,\text{ft} = 12\,\text{in}$ である．

（1） $500\,\text{L}\cdot\text{h}^{-1}$ （m, s）　　（2） $1.000\,\text{lbf}\cdot\text{in}^{-2}$ （Pa）

（3） $1.000\,\text{W}\cdot\text{m}^{-1}\cdot\text{K}^{-1}$ （Btu, ft, h, F）　　（4） $1.488\,\text{kg}\cdot\text{m}^{-1}\cdot\text{s}^{-1}$ （lb, ft, s）

第3章 物質収支計算の基礎

【この章の概要】

本章では，化学工業で使われる種々の操作（単位操作）における物質の流れを扱う「物質収支」について学習する．はじめに，物質収支のとり方について学習する．そして例題を通して，反応を伴わない単位操作の物質収支について，単位操作の概要とともに学習する．その後で，反応を伴う操作（反応操作）における物質収支について学習する．

3.1 物質収支

化学装置にはさまざまな物質が入ってきて，そこで反応，混合，分離が起こり，組成や流量が変化して装置から出ていく．装置やプロセス（装置の組み合わさったもの）を設計，操作するには，これらの変化を定量的に取り扱うことが必要となる．

プロセスや装置への物質の流出入を定量的に示したものが**物質収支**（material balance）である．

本章では物質収支のとり方の基礎について学ぶ．まず物質の流れ方による装置の操作法の分類について学び，次に組成，流量の表し方を学ぶ．そして，物質収支の考え方の基礎，計算手順について解説する．

なお，本書では定常状態のみを扱い，収支をとる領域も微小領域については扱わない．

☞ one rank up！
質量保存の法則
物質収支の計算の基礎になるのが質量保存の法則である．化学反応の前後で各成分の物質量（モル数）は変化するが，質量の総和は変わらない．物質収支の計算の基礎になる．

3.2 化学装置の操作方法

化学装置の操作方法は，①**回分操作**（batch operation），②**連続操作**（流通操作）（continuous operation），③**半回分操作**（semi-batch operation）に分類される．

①回分操作

回分操作では,はじめに装置にすべての物質(反応物)を入れて操作を開始し,所定の時間の経過後に物質を取り出す.操作中に装置に流出入する物質はない.はじめに具材をすべて入れて火にかける鍋料理と同じである.

②連続操作(流通操作)

連続操作では,操作中,装置に連続的に物質が流出入する.反応器を例にとると,反応器入口には原料が連続的に供給され,出口からは生成物と未反応の原料の混合物が連続的に流出する.

図3.1のように容器上部から水を流入させ,同時に下部から水を抜く操作について考える.入ってくる水の量が出る量より多い場合,時間の経過とともに容器内の水の量は増加する.逆に,入ってくる水の量よりも出ていく水の量のほうが多い場合,時間の経過とともに容器内の水の量は減少する.このように,時間とともに容器内の水の量が変化する状態を**非定常状態**(non-steady state)という.

一方,入ってくる水の量と出ていく水の量が等しければ,時間が経過しても容器内の水の量は一定である.このような状態を**定常状態**(steady state)という.

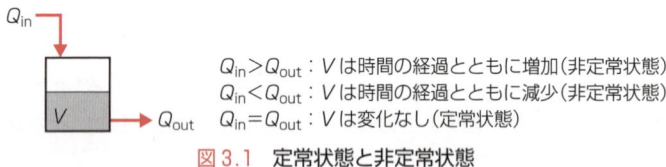

図3.1 定常状態と非定常状態

③半回分操作

半回分操作は,操作中に「物質が流入はするが,流出はしない」あるいは「物質は流入しないが,流出はする」操作のこと.流入か流出のどちらか一方のみが起きる.

3.3 混合物の組成

装置に流出入する流体や装置間を流れる流体は複数の物質の混合物である場合が多い.そこで,この混合組成の表し方について整理しておく.

3.3 混合物の組成

3.3.1 質量分率と質量百分率

質量分率(mass fraction)は混合物の全質量に対する指定された成分の質量の割合であり，次式のように表される．

$$質量分率 = \frac{指定された成分の質量}{混合物の全質量} \; [-] \tag{3.1a}$$

$$質量百分率 = \frac{指定された成分の質量}{混合物の全質量} \times 100 \; [\text{wt\%}] \tag{3.1b}$$

一般に，固体または液体混合物組成をことわりなしに％で示しているときは，質量百分率(wt%)を意味する(例：10%食塩水)．

3.3.2 体積分率と体積百分率

体積分率(volume fraction)は混合物の全体積と指定された成分が混合物と同じ圧力，温度のとき純粋な状態で占める体積との比であり，次式のように表される．

$$体積分率 = \frac{指定された純成分体積}{混合物の全体積} \; [-] \tag{3.2a}$$

$$体積百分率 = \frac{指定された純成分体積}{混合物の全体積} \times 100 \; [\text{vol\%}] \tag{3.2b}$$

一般に，気体混合物組成をことわりなしに％で示しているときには，体積百分率(vol %)を意味する．

3.3.3 モル分率とモル百分率

モル分率とは混合物中の全物質量(全モル数)と指定された成分の物質量(モル数)との比であり，次式のように表される．

$$モル分率 = \frac{指定された成分の物質量(モル数)}{混合物の全物質量(全モル数)} \; [-] \tag{3.3a}$$

$$モル百分率 = \frac{指定された成分の物質量(モル数)}{混合物の全物質量(全モル数)} \times 100 \; [\text{mol\%}] \tag{3.3b}$$

3.3.4 体積分率とモル分率

いま，体積 $V\,[\text{m}^3]$ の容器に気体 A が $n_A\,[\text{mol}]$，気体 B が $n_B\,[\text{mol}]$ からなる混合ガスが充填されているとする．このとき，全圧は $P_T\,[\text{Pa}]$，温度は $T\,[\text{K}]$ であるとする．また，気体は理想気体とする．

この混合ガス中の A のモル分率は $y_A = n_A/(n_A + n_B)$ となる．この混合ガス

☞ **one rank up !**
無次元量
単位のない数量を無次元量という．同じ種類の単位(長さ，時間，質量など)をもつ二つの量の比は無次元量になる．分率は質量の比であるので無次元量となり，単位は－で表す．

の圧力，温度における純粋な A が占める体積は気体の状態方程式より $V_A = n_A RT/P_T$ [m³] である．これより A の物質量は $n_A = P_T V_A/RT$ [mol] となる．同様に B の物質量は $n_B = P_T V_B/RT$ [mol] となる．この値を上の y_A に代入すると，A のモル分率は $y_A = n_A/(n_A + n_B) = V_A/(V_A + V_B)$ で体積分率に等しくなる．このように，理想気体の場合は体積分率とモル分率の値は等しい．

3.3.5 体積濃度

単位体積中に含まれる指定された成分の質量あるいは物質量(モル数)で表す．溶液の濃度を表すモル濃度(単位体積あたりの含有成分の物質量(モル数))がよく知られている．

$$\text{体積濃度} = \frac{\text{指定された成分の質量あるいは物質量(モル数)}}{\text{混合物の全体積}}$$

$$[\text{kg·m}^{-3}] \text{あるいは} [\text{mol·m}^{-3}] \quad (3.4)$$

3.4 流量

装置に流出入する流体や装置間を流れる流体の量(流量；flow)を表すのに，体積流量，モル流量，質量流量が用いられる．いずれも，単位時間あたりに流れる混合物あるいは指定された成分の量を体積，物質量(モル数)，質量で表したものである．単位はそれぞれ [m³·s⁻¹]，[mol·s⁻¹]，[kg·s⁻¹] で，これらの流量の間には次のような関係がある．

$$\text{質量流量}[\text{kg·s}^{-1}] = \text{体積流量}[\text{m}^3\text{·s}^{-1}] \times \text{密度}[\text{kg·m}^{-3}] \quad (3.5\text{a})$$
$$= \text{物質量流量}[\text{mol·s}^{-1}] \times \text{モル質量}[\text{kg·mol}^{-1}] \quad (3.5\text{b})$$
$$\text{物質量流量}[\text{mol·s}^{-1}] = \text{体積流量}[\text{m}^3\text{·s}^{-1}] \times \text{モル濃度}[\text{mol·m}^{-3}] \quad (3.5\text{c})$$

3.5 物質収支の基礎式

ある閉じた領域(系)を考える．この閉じた領域(系)には，図 3.2 のように，プロセス全体(①)や一部の場合(②)，一つの装置の場合(③)，装置内の微少領域の場合(④) などがある．この領域の選び方は任意であるが，この選び方によって計算の難易度がかわるので重要である．

この領域に，ある時間(1秒，1時間など)に流出入する物質の収支関係を考える(図 3.3)．流入するある成分 A に着目して収支関係を考えると，ある時間間隔について次のような関係が成り立つ．

流入する A の量 − 流出する A の量 + 反応によって生成する A の量
= 蓄積する A の量 (3.6)

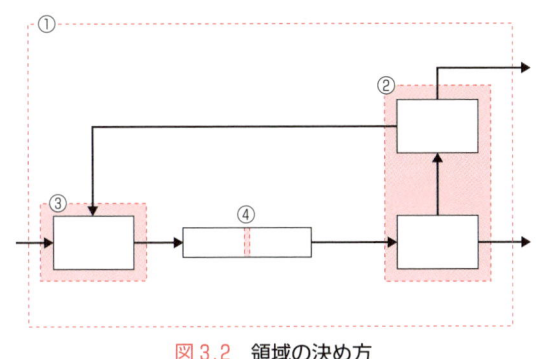

図3.2 領域の決め方

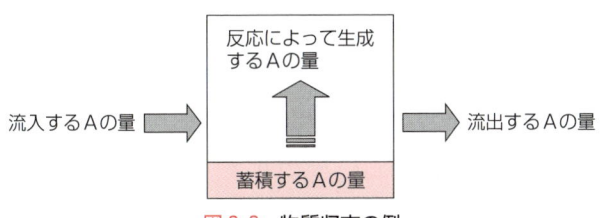

図3.3 物質収支の例

　回分操作の場合には，式(3.6)の左辺の第1，2項がゼロとなる．半回分操作の場合は，左辺の第1項あるいは第2項のどちらかがゼロとなる．また，Aが反応物の場合（反応によって消費される場合），左辺第3項の生成量は負の値となり，装置が反応を伴わない場合はこの項はゼロとなる．定常状態の場合，右辺の蓄積量はゼロとなる．

　物質収支を計算する際に注目する物質として，次の三つが挙げられる．

①上記のように個々の成分（成分A，Bなど）
②全物質（成分A，Bを区別しない）
③物質を構成する原子（炭素原子，水素原子，酸素原子など）

　個々の成分に注目した場合，式(3.6)で用いる「量」に質量[kg]，物質量[mol]どちらを用いても成立する．

$$\text{流入するAの質量} - \text{流出するAの質量} + \text{反応によって生成するAの質量} = \text{蓄積するAの質量} \tag{3.7a}$$

$$\text{流入するAの物質量} - \text{流出するAの物質量} + \text{反応によって生成するAの物質量} = \text{蓄積するAの物質量} \tag{3.7b}$$

また，全物質に注目した場合も，反応が起こっても全体の質量は変化しないので次式が成り立つ．

流入する全物質の質量－流出する全物質の質量
＝蓄積する全物質の質量 (3.8)

物質を構成する一つの元素(たとえば，炭素原子や水素原子)に注目した場合も，上と同様に反応が起こっても原子の数は増減しないので(反応によって原子の組み合わせが変わるだけなので)，次式が成り立つ．なお，量は質量，物質量どちらでも成り立つ．

流入する注目した原子の量－流出する注目した原子の量
＝蓄積する注目した原子の量 (3.9)

3.6 物質収支の計算手順

物質収支の計算は，次のような手順で進めるのがよい．とはいえ，あらゆる場合の物質収支の計算について，以下の手順がベストであるという意味ではない．多くの問題を解いて経験を積むことが重要である．

①プロセスの略図を書き，反応を伴う場合には反応式を書く．

②既知の数値データを記入する．

③計算のための基準を選ぶ(たとえば，流入する原料 100 mol など)．問題に基準が与えられている場合があるが，それが計算するうえで便利であるとは限らない．計算しやすい基準を選び，最終的に与えられた基準に換算するほうが容易になる場合も多い．

④物質収支を考える領域(系)を決める．

⑤領域(系)に流出入する各成分，物質全体についての物質収支式を未知数の数だけたてて連立方程式として解く．このとき，未知数が多くなると計算が複雑になる．

3.7 反応を伴わない操作の物質収支

まず，反応を伴わない操作の場合の物質収支について考える．定常状態であるとすると，物質収支式は次式になる．

領域に流入する量－領域から流出する量＝0 (3.10a)
領域に流入する量＝領域から流出する量 (3.10b)

3.7 反応を伴わない操作の物質収支

例題 3.1 今ここに，1.00％の硫酸銅水溶液が 200 g ある．ここに $CuSO_4 \cdot 5H_2O$ の結晶を加えて 5.00％の硫酸銅水溶液にしたい．加える $CuSO_4 \cdot 5H_2O$ の結晶の質量を求めよ．ただし，$CuSO_4$，$CuSO_4 \cdot 5H_2O$ の分子量をそれぞれ 160，250 とする．

【解答】 加える $CuSO_4 \cdot 5H_2O$ の結晶の質量を x [g] とする．結晶を加えた後の溶液の質量は $200 + x$ [g] となる．加えた硫酸銅の質量は $x \times (160/250)$ [g] である．はじめの 1.00％の水溶液中にある硫酸銅の質量は 2.00 g だから，加えた後の硫酸銅は $2 + (160/250)x$ [g] となる．これが 5.00％水溶液 $200 + x$ [g] 中に含まれるので

$$0.05(200 + x) = 2 + \frac{160}{250}x$$

が成り立つ．これを解くと $x = 13.6$ となる．よって，$CuSO_4 \cdot 5H_2O$ の結晶を 13.6 g 加えればよい．

例題 3.2 管内の水の流量を測定するために，トレーサーとして 10.0％食塩水を $1.00\ \text{g} \cdot \text{min}^{-1}$ で連続的に加えた．食塩水を加えたところから下流の測定点で水中の食塩水の濃度を測定すると 0.200％であった．このとき，管内を流れる水の流量 $w\ [\text{g} \cdot \text{min}^{-1}]$ を求めよ．

【解答】 このフローは図 3.4 のように表される．トレーサーを加えるポイントを含む領域（点線で囲んだ領域）について，時間間隔を 1 分間として収支を考える．

まず，全体の収支について考える．領域に流入するのは水と 10％食塩水である．その量は $w + 1$ [g] である．流出する食塩水の量を m [g] とすると次式が成り立つ．

$$w + 1 = m \qquad ①$$

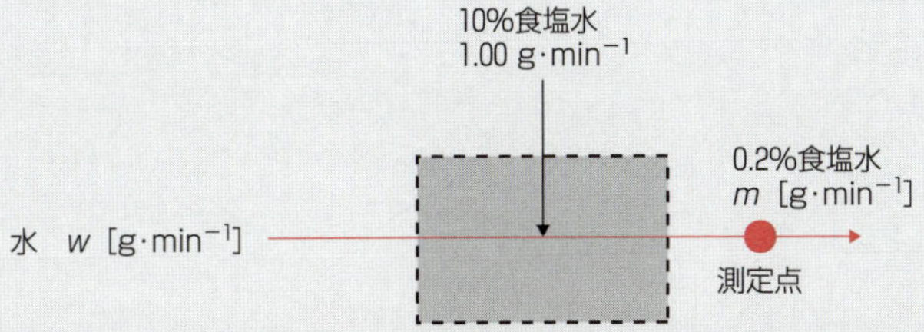

図 3.4 管内流量の測定

> **one rank up！**
> **トレーサー**
> ある現象や過程を観察するために，対象とする物質の挙動を追跡する目的で加える物質．それを加えても水の流れは変化せず，その濃度を検出することで流量が計算できるような物質がトレーサーとして用いられる．例題 3.2 では食塩がそれにあたる．

次に食塩の収支について考える．食塩は 10%食塩水として領域に流入し，管路の水と混合して 0.200%の食塩水として流出する．したがって，次式が成り立つ．

$$0.1 \times 1 = 0.002 \times m \qquad ②$$

①，②を解くと，$m = 50$，$w = 49$ となる．
よって流量は $49\,\mathrm{g \cdot min^{-1}}$ となる．

章末問題

1] HNO_3：23.0 wt%，H_2SO_4：57.0 wt%，水：20.0 wt%が混合した混酸①がある．この混酸①に 90.0%濃 HNO_3 と 98.0%濃 H_2SO_4 を加えて，HNO_3：29.5 wt%，H_2SO_4：57.9 wt%，水：12.6 wt%の混酸② 100 kg を得たい．このとき，混合する混酸①，濃 HNO_3，および濃 H_2SO_4 の質量を求めよ．

2] 濃度の異なる 2 種類のメタノール水溶液がタンクに供給され，その中で混合されて排出されている．一方のメタノール濃度は 40.0 wt%で $1.00\,\mathrm{kg \cdot min^{-1}}$ の流量でタンクに供給されている．タンクからは濃度 50.0 wt%のメタノール水溶液が流量 $3.50\,\mathrm{kg \cdot min^{-1}}$ で排出されている．このとき，もう一方のメタノールの濃度と流量を求めよ．

3] 50.0 wt%の水を含む木材 100 kg を乾燥させて 30.0 wt%にしたい．蒸発させる水の量を求めよ．

第4章 単位操作における物質収支

【この章の概要】

本章では,装置(単位操作)における物質収支について考える.まず,反応を伴わない単位操作として蒸発,ガス吸収,吸着,抽出,蒸留における装置に出入りする物質の収支について,装置の概要とともに学習する.そして,反応を伴う場合の反応の前後(反応器の入口と出口)における物質収支について学ぶ.なお,反応装置については第7章でも述べる.

4.1 蒸発操作における物質収支

蒸発(evaporation)は不揮発性の溶質が溶解している水溶液において,水を気化することによって濃縮された溶液を得る操作である.水以外の溶媒の溶液の場合もあるが,多くの場合は水溶液である.この蒸発操作を行う装置を蒸発缶という.

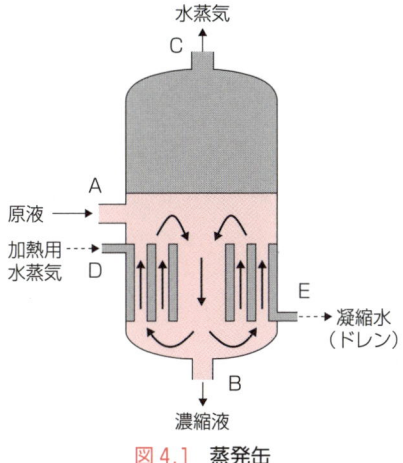

図4.1 蒸発缶

> **one rank up!**
> **凝縮水（ドレン）**
> 気体である水蒸気が熱を奪われることによって液体である水に相変化したもの．身近なところでは，エアコンから出てくる水がドレンである．この凝縮水から顕熱を回収して再利用することもある．

蒸発缶（evaporator）にはいろいろな種類があるが，標準型の蒸発缶を図4.1に示す．図中のAから原液が供給され，Bから濃縮液が，Cから発生した水蒸気が排出される．溶液の加熱は加熱用水蒸気によって行われ，Dから入り，多数の加熱管を通りながら凝縮し，この凝縮熱によって原液を加熱する．凝縮水（ドレン）はEから排出される．

例題4.1 溶質Aの10 wt%水溶液を100 kg·h^{-1}で蒸発缶に連続的に供給し，水を蒸発させて20 wt%に濃縮された水溶液を連続的に得たい．このとき，蒸発させる水の量W [kg·h^{-1}]と得られる濃縮水溶液の流量P [kg·h^{-1}]を求めよ．

【解答】 この蒸発缶では，水溶液を加熱して溶媒である水を蒸発させて水蒸気と濃縮液とに分けて外部へ流出させる．このプロセスの略図は図4.2のようになる．

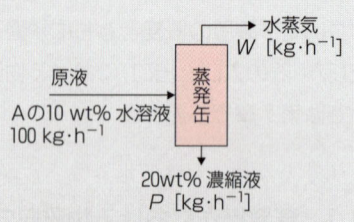

図4.2 蒸発缶まわりの物質収支

時間間隔を1時間として溶質Aの物質収支を計算する．

蒸発缶に流入する溶質Aは　　$(0.1)(100) = 10$ kg
蒸発缶から流出する溶質Aは　　$0.2P$ [kg]
定常状態なので　　$10 - 0.2P = 0$　　　　　　　　　①

同様に溶媒（水）の物質収支を計算する．

蒸発缶に流入する水は　　$(1 - 0.1)(100) = 90$ kg
蒸発缶から流出する水は濃縮液の溶媒として
$$(1 - 0.2)P = 0.8P \text{ [kg]}$$
水蒸気として　　W [kg]
定常状態なので　　$90 - (0.8P + W) = 0$　　　　　②

水溶液（水，溶質Aの合計）の物質収支を計算する．

蒸発缶に流入する水溶液は　　100 kg

蒸発缶から流出する水蒸気(水)と水溶液はそれぞれ

W [kg] と P [kg]

定常状態なので　　$100 - (W + P) = 0$　　　　　　　　　　　　③

以上のように，各成分(水と溶質A)と全体(水溶液)の物質収支式から三つの式が導出された．しかし，この三つの式のうち一つは他の二つの式から導出される(たとえば，式①+式②=式③)．つまり，これら三つの式から二つの式を選んで連立方程式として解けば，未知数である W, P が求められる．ここでは①，②を選んで解くと，$P = 50$ kg·h^{-1}, $W = 50$ kg·h^{-1} となる．

【別解】　溶質Aの量が蒸発缶入口と出口で変化しないことに注目する．蒸発缶に流入する溶質Aの量は，

$(0.1)(100) = 10$ kg

である．これが出口から濃度20%の濃縮液として流出するから次式が成り立つ．

$0.2 P = 10$

よって，$P = 50$ kg·h^{-1} となる．原液，水蒸気，濃縮液の収支，$100 - (W + P) = 0$ (式③) より，蒸発して水蒸気として装置から流出する水蒸気流量は

$W = 50$ kg·h^{-1}

このように，考える系内でその量が変化しない物質を**手がかり物質**(tie substance)あるいは**対応物質**という．この手がかり物質に注目すると物質収支の計算が簡単になる場合がある．

蒸発缶を図4.3のように直列に配置し，各蒸発缶内の圧力を順に低くすると，沸点も順に低くなる．こうすることにより，蒸発して蒸発缶から流出する水蒸気を隣の蒸発缶の加熱用水蒸気として利用できる．つまり，複数の蒸発缶を使って溶液を濃縮するにもかかわらず，加熱用水蒸気は最初の蒸発缶に供給するだけですむ．

このような蒸発方法を**多重効用蒸発法**(multiple-effect evaporation)という．しかし，蒸発缶の数を多く増やしすぎても蒸発缶のコストがかかるため，通常は2～4基を直列に配置することが多い．

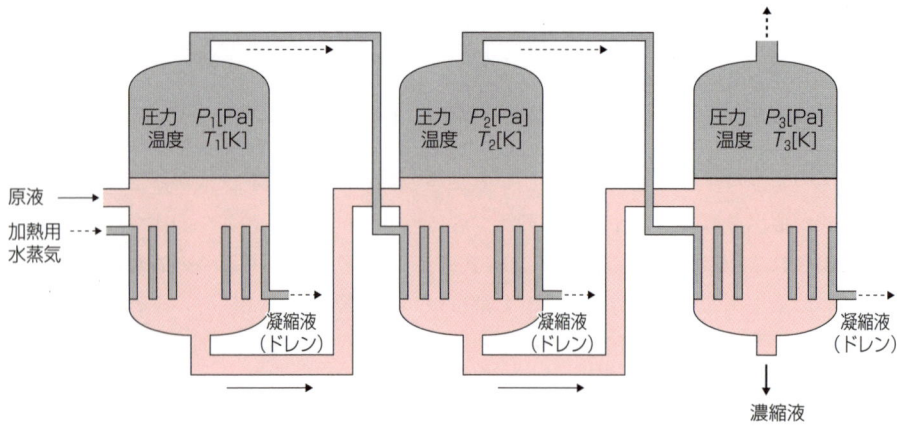

図 4.3 多重蒸発缶

水蒸気は次の蒸発缶の加熱用水蒸気として使用され，凝縮液（ドレン）として排出される．圧力 $P_1 > P_2 > P_3$，温度 $T_1 > T_2 > T_3$ である．

> **例題 4.2** 図 4.3 に示すように蒸発缶を 3 基直列に配置して 10% の物質 A の水溶液を 30% まで濃縮する．原料水溶液を $100\,\mathrm{kg\cdot min^{-1}}$ で供給する．各蒸発缶から排出される水蒸気は，隣の蒸発缶の加熱用蒸気として利用され，凝縮液（ドレン）として排出されるとする．いま，各蒸発缶から排出される蒸気の流量が等しいとき，1 番目，2 番目の蒸発缶から排出される水溶液の流量およびその濃度をそれぞれ求めよ．
>
> **【解答】** この蒸発缶の概略図は図 4.4 のようになる．原料水溶液流量を $F\,[\mathrm{kg\cdot min^{-1}}]$，$i$ 番目の蒸発器から排出される水溶液流量と濃度，排出される水蒸気量をそれぞれ $D_i\,[\mathrm{kg\cdot min^{-1}}]$，$C_i\,[-]$，$W_i\,[\mathrm{kg\cdot min^{-1}}]$ とする．また，1 番目の蒸発器に供給する水蒸気量を $S\,[\mathrm{kg\cdot min^{-1}}]$ とする．図 4.4 の破線のような領域を考え，この領域で 1 分間の物質収支をとる．
>
> 〈全体の収支〉
> 　領域に流入する物質量　　$F + S\,[\mathrm{kg}]$
> 　領域から流出する物質量　　$S + W_1 + W_2 + W_3 + D_3\,[\mathrm{kg}]$
> 　よって　$F + S = S + W_1 + W_2 + W_3 + D_3$
> 　　$\therefore\ F = W_1 + W_2 + W_3 + D_3$ 　　　　　　　　　　①
>
> 〈物質 A についての収支〉
> 　領域に流入する A の物質量　　$F \cdot C_0\,[\mathrm{kg}]$
> 　領域から流出する A の物質量　　$D_3 \cdot C_3\,[\mathrm{kg}]$
> 　よって　$F \cdot C_0 = D_3 \cdot C_3$ 　　　　　　　　　　②

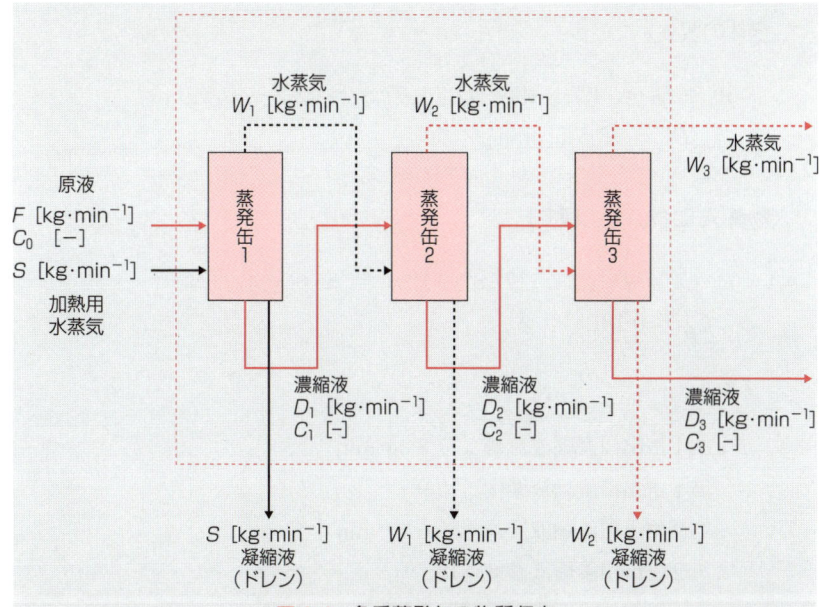

図 4.4　多重蒸発缶の物質収支

式①，②より

$$F = W_1 + W_2 + W_3 + F(C_0/C_3)$$
$$F\{1-(C_0/C_3)\} = W_1 + W_2 + W_3$$

いま，$W_1 = W_2 = W_3$ より

$$3W_1 = 3W_2 = 3W_3 = F\{1-(C_0/C_3)\} \qquad ③$$

ここで，$F = 100\,\text{kg}\cdot\text{min}^{-1}$，$C_0/C_3 = 0.1/0.3 = 1/3$ を③に代入して

$$W_1 = W_2 = W_3 = 22.2\,\text{kg}\cdot\text{min}^{-1}$$

蒸発缶 1 について物質収支をとる．

〈全体の収支〉

$$F + S = W_1 + D_1 + S \quad F = W_1 + D_1 = 22.2 + D_1$$
$$100 = 22.2 + D_1 \quad \therefore\quad D_1 = 77.8\,\text{kg}\cdot\text{min}^{-1}$$

〈物質 A についての収支〉

$$F \cdot C_0 = D_1 \cdot C_1 \quad (100)(0.1) = 77.8\,C_1 \quad \therefore\quad C_1 = 0.129$$

同様にして蒸発缶 2 について物質収支をとる．

〈全体の収支〉

$$W_1 + D_1 = W_1 + W_2 + D_2 \qquad 77.8 = 22.2 + D_2$$
$$\therefore D_2 = 55.6 \text{ kg} \cdot \text{min}^{-1}$$

〈物質 A についての収支〉

$$D_1 \cdot C_1 = D_2 \cdot C_2 \qquad (77.8)(0.129) = 55.6 C_2$$
$$\therefore C_2 = 0.181$$

よって

第1缶出口濃縮液流量：77.8 kg·min^{-1}
第1缶出口濃縮液濃度：12.9%
第2缶出口濃縮液流量：55.6 kg·min^{-1}
第2缶出口濃縮液濃度：18.1%

4.2　ガス吸収操作における物質収支

　ガス吸収(gas absorption)は，気体の液への溶解度の差を利用して，混合気体と液体(主に水や水溶液)を接触させることによって，混合気体に含まれる溶解度の大きな成分を回収，除去する手法である．たとえば石油や石炭の燃焼によって生じる硫黄酸化物はガス吸収によって除去される．そして，液に吸収された成分は，その成分を含まない気体との接触，減圧や加熱などによって気相中へ放出させる(放散)ことができる．ガス吸収は分離操作の他にも，気体と液体との反応にも利用される．

　ある温度で気体が液体に溶解していくと，それ以上溶解できなくなる限界がある(溶解平衡)．このときの液中に溶解した気体成分の濃度 C(平衡濃度)とその気体成分の分圧 p(平衡圧)との間には次式のような関係が成り立つ．

$$p = HC \qquad (4.1)$$

ここで，p は気体成分の分圧(平衡圧)，C は液中に溶解した気体成分の濃度(平衡濃度)，H は比例定数である．なお，分圧の代わりに気相中のモル分率 y，溶液の濃度の代わりに液相中のモル分率 x を用いる場合もあり，次式のように表される場合もある．

$$p = H'x \qquad (4.2)$$

one rank up !
硫黄酸化物

硫黄の酸化物の総称．化学式で書くと SO$_x$ なのでソックスと呼ばれることもある．一酸化硫黄(SO)，二酸化硫黄(SO$_2$)，三酸化硫黄(SO$_3$)などが代表例である．硫黄を含む石油や石炭の燃焼によって生じ，酸性雨の原因となる．

$$y = H''x \tag{4.3}$$

これらの式の比例定数 H, H', H'' をヘンリー定数といい，その値は種々の便覧などに掲載されている．ただし，計算する際には定数の単位に気をつける必要がある．

> **例題 4.3** 気体 A–水系のヘンリー定数は 20 ℃で 0.770 kPa である．大気中の 0.100% の A（空気と A の混合気体）と溶解平衡状態にある水溶液中の A のモル分率を求めよ．
>
> 【解答】 ヘンリー定数の単位が kPa なので，式(4.2)のヘンリー定数である．気相中の A 濃度が 0.100% だから，気相中の A のモル分率は 1.00×10^{-3} である．よって，A の分圧は
>
> $$p = (1.013 \times 10^5)(1.00 \times 10^{-3}) = 1.013 \times 10^2 \, \text{Pa}$$
> $$= 0.1013 \, \text{kPa}$$
>
> 式(4.2)より
>
> $$0.1013 = (0.770)x$$
> $$\therefore \quad x = 0.132$$

> **one rank up !**
> **ヘンリー定数**
> 「気相内の溶質の分圧は溶液中の濃度に比例する」というヘンリーの法則の比例定数．式(4.1)のように表されたヘンリー定数の単位は $[\text{Pa} \cdot \text{mol}^{-1} \cdot \text{m}^3]$ となり，式(4.2)の場合は [Pa] となる（ただし，式(4.1)，式(4.2)の圧力の単位が atm, bar, mmHg などの場合は Pa の部分が変わる）．式(4.3)の場合は無次元 [–] となる．

工業的なガス吸収装置としては，図 4.5 に示すような気泡塔，スプレー塔，充填塔がある．気泡塔は塔内の液中にガスを吹き込む方式である．スプレー塔は液を滴状にしてガス中に分散させる方式である．充填塔は塔内に図 4.6 に示すような形状の充填物（液とは反応しない）が入っており，液は塔頂から供給され，充填物の表面を膜状になって流下する．ガスは塔底から供給され，充填物の間を液と接触して吸収されながら上昇する．

スプレー塔や充填塔のように，ガスの流れと液の流れが向かい合って流れる場合を**向流型**(countercurrent flow type)，気液の流れが同じ方向の場合を**並流型**(co–current flow type)という．向流型の場合，塔底から供給されたガスは，塔頂部では液に吸収され濃度が薄くなっている．しかし，塔頂部から供給される液にはガスが溶けていないために，ガスは濃度が薄くてもさらに液に吸収される．このように塔頂から排出されるガスの濃度を低くできるため，通常は向流型が用いられる．

向流型の場合の物質収支について考えてみよう．図 4.7 のように吸収装置に流入するガスと液の物質量流量（モル流量）をそれぞれ $G_{\text{in}} \, [\text{mol} \cdot \text{s}^{-1}]$, $L_{\text{in}} \, [\text{mol} \cdot \text{s}^{-1}]$，流出するガスと液の物質量流量（モル流量）をそれぞれ $G_{\text{out}} \, [\text{mol} \cdot \text{s}^{-1}]$, $L_{\text{out}} \, [\text{mol} \cdot \text{s}^{-1}]$ とする．また，吸収させる成分について，流入

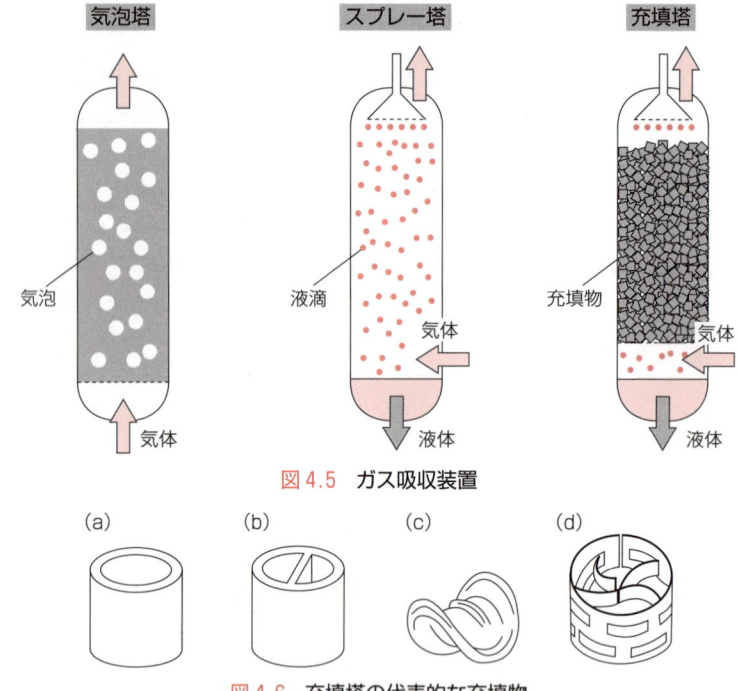

図 4.5 ガス吸収装置

図 4.6 充填塔の代表的な充填物
(a) ラシヒリング，(b) レッシングリング，(c) ベルルサドル，
(d) ポールリング．

する液とガスに含まれるモル分率をそれぞれ x_{in}, y_{in}, 吸収させる成分について，流出する液とガスに含まれるモル分率をそれぞれ x_{out}, y_{out} とする．

全体の収支より

$$G_{in} + L_{in} = G_{out} + L_{out} \tag{4.4}$$

吸収させる成分の収支より

$$G_{in}y_{in} + L_{in}x_{in} = G_{out}y_{out} + L_{out}x_{out} \tag{4.5}$$

吸収されない成分のガス(たとえば空気)や液(たとえば水)の流量は吸収の前後で変化しない．よって

$$G_{in}(1 - y_{in}) = G_{out}(1 - y_{out}) \tag{4.6}$$
$$L_{in}(1 - x_{in}) = L_{out}(1 - x_{out}) \tag{4.7}$$

が成り立つ．一般に流入する液中に含まれる吸収される成分はゼロ ($x_{in} = 0$) である．

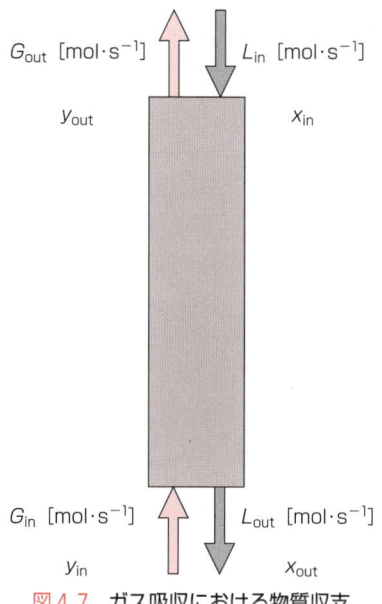

4.2 ガス吸収操作における物質収支

G_{out} [mol·s^{-1}]　L_{in} [mol·s^{-1}]
y_{out}　　　　　　　x_{in}

G_{in} [mol·s^{-1}]　L_{out} [mol·s^{-1}]
y_{in}　　　　　　　x_{out}

図 4.7　ガス吸収における物質収支

例題 4.4　図 4.8 に示すように，アンモニア 5.00% を含む空気を 20.0 mol·s^{-1} の流量でガス吸収塔に送り込み，向流で水と接触させて，流入するアンモニアの 90.0% を回収したい．出口の液中のアンモニアのモル分率を 4.00×10^{-3} とするために必要な水の流量と出口のガス中のアンモニア濃度を求めよ．

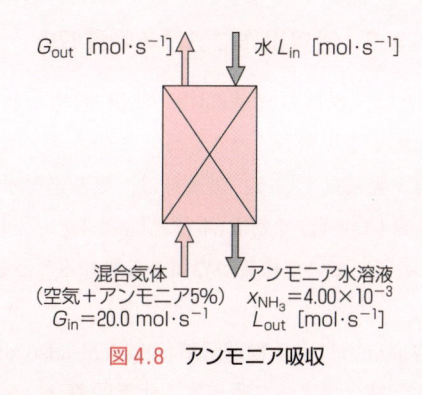

G_{out} [mol·s^{-1}]　水 L_{in} [mol·s^{-1}]

混合気体　　　　　アンモニア水溶液
（空気＋アンモニア 5%）　$x_{NH_3} = 4.00 \times 10^{-3}$
$G_{in} = 20.0$ mol·s^{-1}　L_{out} [mol·s^{-1}]

図 4.8　アンモニア吸収

【解答】 全体の収支より

$$20.0 + L_{in} = G_{out} + L_{out} \qquad ①$$

アンモニアの収支より

$$(20.0)(0.05) + L_{in}(0) = G_{out}y_{out} + L_{out}(0.004)$$
$$1.00 = G_{out}y_{out} + 0.004 L_{out} \quad \text{②}$$

水の収支より

$$L_{in} = L_{out}(1 - 0.004) \quad \text{③}$$

未知数は L_{in}, L_{out}, G_{out}, y_{out} の四つなので，あと一つ式を立てられれば未知数が求められる．そこで，流入するアンモニアの 90.0% が水に吸収されることに注目する．

流入するアンモニアの流量は　　$G_{in}y_{in} = (20.0)(0.05) = 1.00 \text{ mol·s}^{-1}$
水に吸収されて流出する流量は　　$L_{out}x_{out} = 0.004 L_{out} [\text{mol·s}^{-1}]$
90.0% が吸収されるので　　$(1.00)(0.9) = 0.004 L_{out} \quad \text{④}$

四つの方程式が得られたので，四つの未知数が求められる．

式④より　　流出するアンモニア水溶液の流量 $L_{out} = 225 \text{ mol·s}^{-1}$
これを式③に代入すると　　流入する水の流量 $L_{in} = 224.1 \text{ mol·s}^{-1}$
式①に L_{out} と L_{in} の値を代入して　　出口ガス流量 $G_{out} = 19.1 \text{ mol·s}^{-1}$
式②に G_{out} と L_{out} の値を代入すると　$y_{out} = 5.24 \times 10^{-3}$ となり，出口ガス中のアンモニア濃度は 0.524% となる．

4.3　吸着操作における物質収支

吸着 (adsorption) とは，物体の気相−固相，液相−固相などの界面において，濃度が周囲よりも増加する現象のことをいう．このとき，吸着される物質を吸着質，吸着する物質を吸着剤という．吸着量は，吸着剤の単位質量あたりに吸着した吸着質の物質量 (モル数) で表す (単位は $[\text{mol·kg}^{-1}]$，$[\text{mol·g}^{-1}]$)．

吸着とは反対に，吸着していた物質が界面から離れることを**脱着** (desorption) という．

吸着は van der Waals 力による**物理吸着** (physical adsorption) と，吸着質が吸着剤の官能基と化学結合によって吸着する**化学吸着** (chemical adsorption) がある．一般的な吸着分離操作には可逆的な物理吸着が利用されるが，猛毒ガスの除去などには不可逆的な化学吸着を利用する場合がある．

吸着操作は**気相吸着** (gas phase adsorption) と**液相吸着** (liquid phase adsorption) に分けられる．気相吸着の例として，空気の脱湿，有害成分の除去，排ガス中からの溶剤成分の回収，空気中の窒素と酸素の分離，などが挙げられ

☞ **one rank up!**
代表的な吸着剤
身近な吸着剤として，冷蔵庫の中の脱臭剤として用いられる活性炭や，乾燥剤として用いられるシリカゲルなどがよく知られている．これらの吸着剤は非常に小さな穴 (細孔) をもっているため，その表面積は非常に大きく，吸着剤 1 g あたり数百〜 1500 m² にも及ぶ．

☞ **one rank up!**
吸着平衡
吸着が止まった段階では，実際には，吸着質は吸着と脱着を繰り返しており，吸着する量と脱着する量が等しくなっている．見かけ上，吸着量の変化が見られなくなっているだけである．

る.液相吸着の例には,ショ糖やアミノ酸発酵液の脱色,排水処理などが挙げられる.

吸着はガス吸収と同様にある温度で吸着剤に吸着させるとそれ以上できなくなる.このときの吸着量(平衡吸着量)q [mol・kg^{-1}]と,気相吸着であれば気相中の分圧(平衡圧)p [Pa],液相吸着であれば液相中の濃度(平衡濃度)C [mol・m^{-3}]との関係を表す代表的な式として次の式がある.

(1)ヘンリーの吸着式

吸着量と平衡圧あるいは平衡濃度が,原点を通る直線関係で表される.最も簡単な式であり,濃度が低い場合にはたいてい近似的にこの式が適用できる.

$$q = Hp (気相吸着), \quad q = HC (液相吸着) \tag{4.8}$$

(2)フロインドリッヒ吸着式

経験式ではあるが,実測値の関係をうまく表現できる場合が多く,よく用いられる式である.

$$q = kp^{1/n} (気相吸着), \quad q = kC^{1/n} (液相吸着) \tag{4.9}$$

(3)ラングミュアー吸着式

単一成分の最も簡単な単分子層吸着モデルである.

$$q = \frac{bp}{1+ap} \ (気相吸着), \quad q = \frac{bC}{1+aC} \ (液相吸着) \tag{4.10}$$

上の(1)〜(3)の吸着式に基づく平衡濃度(あるいは平衡圧)と吸着量との関係を図4.9に示した.

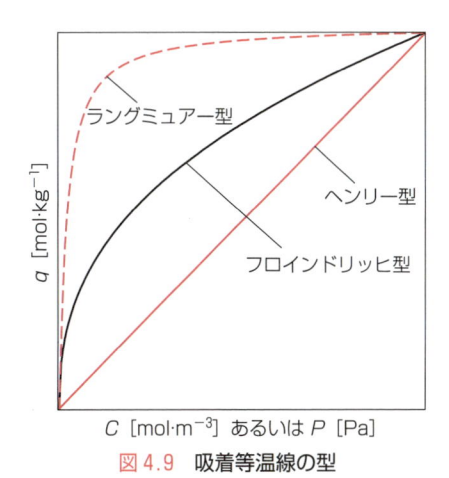

図 4.9　吸着等温線の型

例題 4.5 貯水槽の中に，有害物質 P の濃度が $0.100\,\mathrm{mol\cdot m^{-3}}$ である廃水が $2.00\,\mathrm{m^3}$ ある．このまま下水に放流できないため，この廃水に活性炭を投入して P の濃度を 1000 分の 1 にして下水に放流したい（図 4.10）．何 kg の活性炭を投入すればよいか計算して求めよ．なお，P の活性炭に対する吸着式は次式のようなフロインドリッヒ吸着式で与えられる．

$$q = C^{0.6}\,[\mathrm{mol\cdot kg^{-1}}]$$

【解答】 活性炭投入前の溶液中の P の濃度を $C_0\,[\mathrm{mol\cdot m^{-3}}]$，活性炭 $w\,[\mathrm{kg}]$ 投入後，平衡に達したときの P の濃度を $C_e\,[\mathrm{mol\cdot m^{-3}}]$，吸着量を $q_e\,[\mathrm{mol\cdot kg^{-1}}]$ とする．

P は活性炭投入前にはすべて溶液中に存在する．活性炭投入後，吸着平衡に達したときには，溶液中に残存しているか，活性炭内に吸着されているかのいずれかである．P の全量は活性炭投入前後で変わらないので，次式の収支式が成り立つ．

（活性炭投入前の溶液中の P）
＝（溶液中に残存している P）＋（活性炭に吸着されている P）

よって

$$(2.00)(0.100) = 2.00 C_e + w q_e = (2.00)(1.00\times 10^{-4}) + w q_e \quad ①$$

与えられた吸着式から平衡時の吸着量を求めると

$$q_e = C_e^{0.6} = (1.00\times 10^{-4})^{0.6} = 3.98\times 10^{-3}\,\mathrm{mol\cdot kg^{-1}} \quad ②$$

②を①に代入して

$$0.2 = (2.00)(1.00\times 10^{-4}) + w q_e = 2.00\times 10^{-4} + 3.98\times 10^{-3} w$$

よって，投入する活性炭の量 $w = 50.2\,\mathrm{kg}$

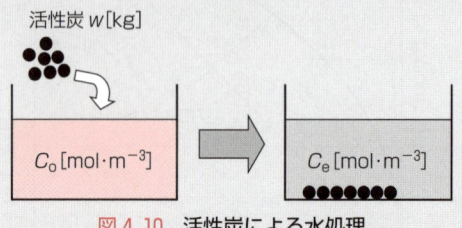

図 4.10 活性炭による水処理

4.4 抽出操作における物質収支

抽出(extraction)とは，原料(液や固体)に含まれる成分を溶剤で処理して，溶剤に可溶な成分を溶解させて取り出す操作である．液体原料から抽出する場合を液-液抽出，固体原料から抽出する場合を固-液抽出という．たとえば，紅茶を入れるのも茶葉(固体)中の湯(水)に可溶な成分を取り出す抽出操作である．ここでは，液-液抽出についてのみ述べる．

4.4.1 液-液抽出

ここでは，酢酸-ベンゼンの混合溶液から水を用いて酢酸を抽出する場合を考えてみよう．このとき，酢酸(目的成分)を**溶質**(solute)という．そして，酢酸が溶解しているベンゼンを**希釈剤**(diluent)，抽出のために加える水を**溶剤**(solvent)という．液-液抽出ではこの三成分が混合した溶液を扱うことになる．

4.4.2 液組成の表し方

ここで，酢酸(溶質)を A，ベンゼン(希釈剤)を B，水(溶剤)を C とし，それぞれの質量分率を x_A, x_B, x_C とすると，次の式が成り立つ．

$$x_A + x_B + x_C = 1 \tag{4.11}$$

図 4.11 (a) のように x 軸に C (溶剤) の質量分率 x_C をとり，y 軸に A (溶質) の質量分率 x_A をとる．このとき x_A, x_C は質量分率なので 0 以上 1 以下の値となる．今，三成分の組成として C の質量分率が x_{CP}，A の質量分率が x_{AP} のとき

> **one rank up！**
> **液-液抽出装置**
> 大きく分けて撹拌槽型と塔型の二つのタイプがある．撹拌槽型はミキサーセトラー型抽出装置と呼ばれ，撹拌して抽出するミキサー(撹拌槽)と平衡に達した混合液を静置するセトラー(静置槽)からなる．セトラーでは，密度差によって抽出液と抽残液の上下二相に分かれるため，別々に取り出すことができる．
> 塔型の抽出装置は連続向流型で，スプレー塔と多孔板塔がある．塔上部より原料と溶剤のうち密度の大きいほうを供給し，塔下部から密度の小さいほうを分散器によって液滴として供給し，密度の大きい液中に分散して抽出が行われる．

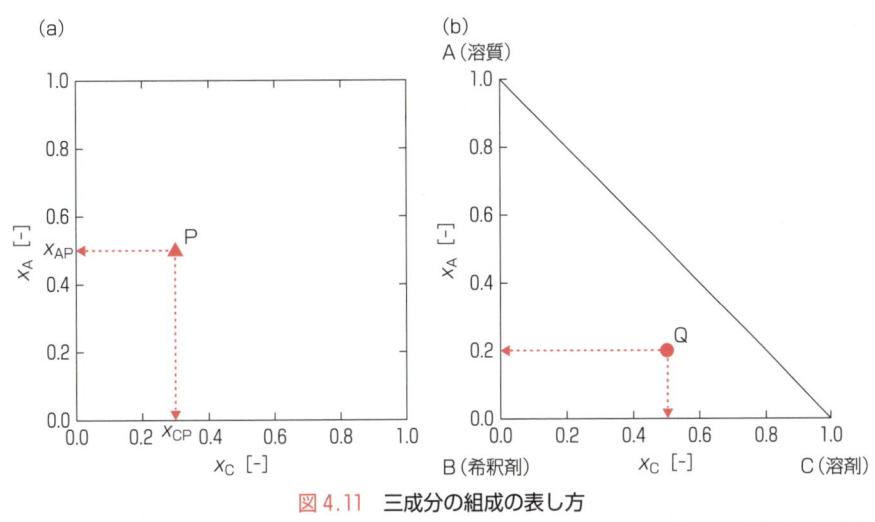

図 4.11 三成分の組成の表し方

B(希釈剤)の質量分率 x_{BP} は，$x_{BP} = 1 - x_{AP} - x_{CP}$ で求められる．(a) 三成分を通常の x–y 座標上で表した場合，(b) 三成分を三角線図上で表した場合．

を考えると，B(希釈剤)の質量分率 x_{BP} は式(4.11)より，$x_{BP} = 1 - x_{AP} - x_{CP}$ と決まる．つまり，三成分の組成はC(溶剤)とA(溶質)の質量分率で表すことができる．図4.11 (a)中の点Pがこの三成分の組成(x_{AP}, x_{BP}, x_{CP})を表していることになる．

ここで，B(希釈剤)の質量分率 x_B も0以上1以下の値をとるので，式(4.11)より，$0 \leq x_A + x_C \leq 1$ となる．つまり，図4.11 (b)のように直角三角形内の一点が三成分の組成を表すことになる．たとえば，点QはA(溶質)，B(希釈剤)，C(溶剤)の組成(質量分率)がそれぞれ0.2，0.3，0.5であることを示している．このように，三成分の組成を表す図として図4.11 (b)のような三角線図が用いられる．

4.4.3 液–液抽出における平衡

酢酸-ベンゼン混合溶液に水を加えて静置すると，混合比によって，均一に溶けあう場合と二相に分かれる場合がある．二相に分かれた場合，抽出された溶質(酢酸)と溶剤(水)を主成分とし，少量の希釈剤(ベンゼン)を含む液を**抽出液**(extraction liquid)という．もう一方の抽出されなかった溶質(酢酸)と希釈剤(ベンゼン)を主成分とし，少量の溶剤(水)を含む液を**抽残液**(raffinate)という．

この二相に分かれ平衡状態にある抽出液と抽残液中の三成分の組成を表4.1に示した．表中の同じ行の組成が平衡関係にある．

この平衡関係にある液組成を三角線図にプロットすると図4.12 (a)のようになる．これらの点を一本の曲線で結んだ線を溶解度曲線という．また，平衡

> **one rank up !**
> **三角線図**
> 溶質Aの分率が低い場合には，直角二等辺三角形ではなく，縦軸の目盛りを横軸よりも拡大した直角三角形を使う．

> **one rank up !**
> **溶解度曲線の作り方**
> 図4.13の三角線図の縦軸の点Fに相当する溶質Aと希釈剤Bの混合物を作り，この混合液に溶剤Cを少しずつ滴下して撹拌する．このときの液の組成は直線FC上をCに向かって移動する．はじめは完全に溶けあって一つの液相になっているが，溶解度が限界に達すると(溶解度曲線上の組成になると)透明な液に濁りが生じる．ここでCの滴下をやめる．このとき，はじめの溶質A，希釈剤B，滴下したCの量から溶解度曲線上の一点が決まる．同様の実験を，等温下ではじめの組成を変えて何度も行うと，溶解度曲線が得られる．

表4.1 液–液抽出における平衡関係

抽残液(ベンゼン相)[wt%]			抽出液(水相)[wt%]		
ベンゼン	水	酢酸	ベンゼン	水	酢酸
99.8	0.0	0.15	0.0	95.4	4.6
98.6	0.0	1.4	0.2	82.1	17.7
96.6	0.1	3.3	0.4	70.6	29.0
86.3	0.4	13.3	3.3	39.8	56.9
84.5	0.5	15.0	4.0	36.8	59.2
79.4	0.7	19.9	6.5	29.6	63.9
76.4	0.9	22.8	7.7	27.5	64.8
67.1	1.9	31.0	18.1	16.1	65.8
62.2	2.5	35.3	21.1	14.4	64.5
59.2	3.0	37.8	23.4	13.2	63.4
50.7	4.6	44.7	30.0	10.7	59.3
40.5	7.2	52.3	40.5	7.2	52.3

(a) A（酢酸） (b) A（酢酸）

溶解度曲線
タイライン（対応線）
共役線
共役線

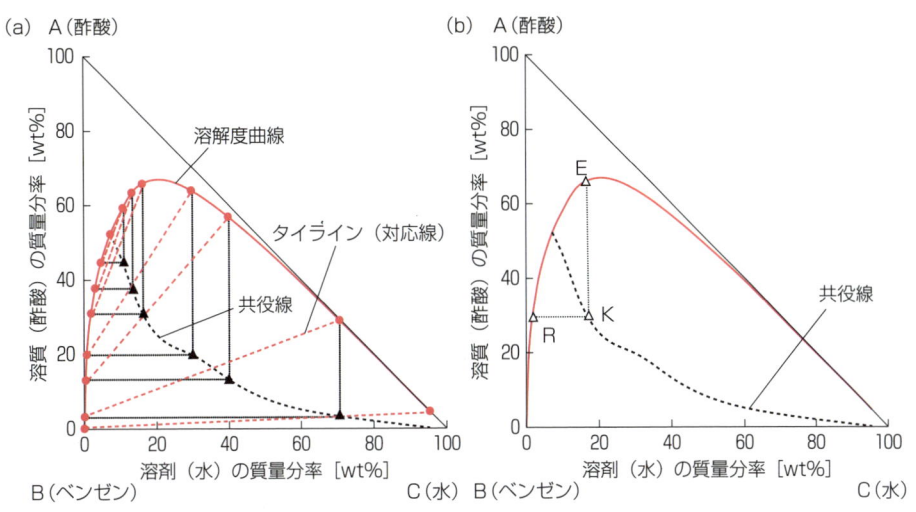

溶質（酢酸）の質量分率 [wt%]
溶剤（水）の質量分率 [wt%]
B（ベンゼン） C（水）

図4.12 三角線図（酢酸，ベンゼン，水）

関係にあるそれぞれの液組成を結んだ直線を**対応線**（タイライン；tie line）という．対応線（タイライン）を斜辺として直角三角形を作り，その直角になる頂点を結んだ線を**共役線**（conjugate line）という．

いま，図4.12に示す溶解度曲線上の任意の点Rと平衡関係にある組成を示す点Eを以下のようにして求めることができる（図4.12b）．まず，点Rから共役線と交わるように縦軸あるいは横軸に平行な直線を引く．この直線と共役線との交点をKとする．この交点Kから先に引いた直線に垂直な直線を引き，溶解度曲線との交点Eが点Rと平衡関係にある組成を示す点となる．

4.4.4 液-液抽出における物質収支

酢酸-ベンゼン混合溶液（酢酸の質量分率 x_{AF}）F [kg] に水 S [kg] を加えたとする．酢酸-ベンゼン混合溶液は酢酸とベンゼンの二成分なので，この組成を表す点は図4.13中の点Fとなり，水は三角線図の頂点C上の点Sとなる．水を加えた後の酢酸-ベンゼン-水の混合液（M [kg]）の見かけの組成は点Fと点Sを結んだ直線上の点Mとなる．点Mでの見かけの酢酸，水の質量分率をそれぞれ x_{AM}，x_{CM} として物質収支を考えてみよう．

全体の物質収支より　　$F + S = M$　　　　　　　　　　(4.12)

酢酸の物質収支より　　$Fx_{AF} = Mx_{AM} = (F+S)x_{AM}$　　(4.13)

水の物質収支より　　　$S = Mx_{CM} = (F+S)x_{CM}$　　　(4.14)

式(4.13)より　　$\dfrac{S}{F} = \dfrac{x_{AF} - x_{AM}}{x_{AM}}$　　　　　　　(4.15)

式(4.14)より　　$\dfrac{S}{F} = \dfrac{x_{CM}}{1 - x_{CM}}$　　　　　　　(4.16)

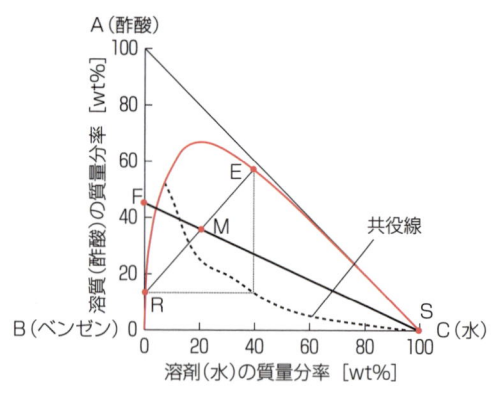

図 4.13 単抽出の計算（酢酸，ベンゼン，水）

式 (4.15), (4.16) より，点 M は線分 FS を S:F に内分する点となる．この点 M が溶解度曲線の内側にあれば酢酸-ベンゼン混合溶液に水を加えてしばらく放置すると二相に分かれ，外側にあれば酢酸-ベンゼン-水は均一に溶けあうことになる（図 4.14）．

いま，点 M が溶解度曲線の内側にあり抽出液 E [kg] と抽残液 R [kg] の二相に分かれている場合について考える．それぞれの液組成は溶解度曲線上（点 E, 点 R）にあり平衡関係にある．つまり，①斜辺を ER とする直角三角形を考えると直角になる頂点が共役線上にある．また，抽出液と抽残液の混合液の見かけの組成は点 M となるので，②線分 ER は点 M を通る．この①，②の条件を満たす点 E と R が，水を加えた後に平衡となる抽出液と抽残液の組成を表す点となる．

抽出液中の酢酸，水の質量分率をそれぞれ x_{AE}, x_{CE}, 抽残液中の酢酸，水の質量分率をそれぞれ x_{AR}, x_{CR} として物質収支を考えてみよう．

全体の物質収支より　　$E + R = M$　　　　　　　　(4.17)

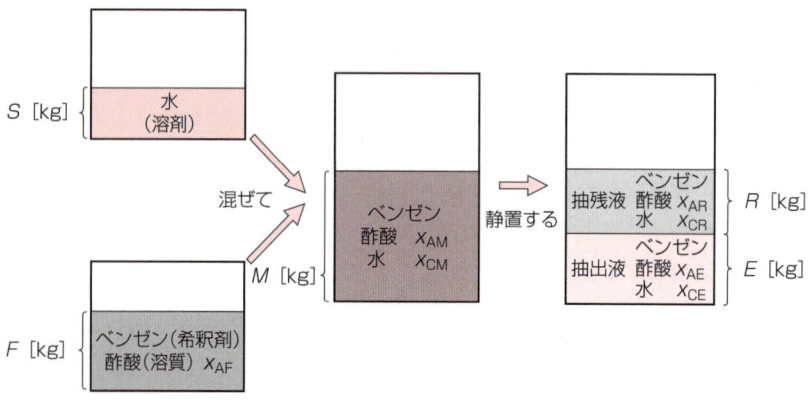

図 4.14 抽出における物質収支

酢酸の物質収支より　　　$Mx_{AM} = (E+R)x_{AM} = Ex_{AE} + Rx_{AR}$ 　　　(4.18)

水の物質収支より　　　$Mx_{CM} = (E+R)x_{CM} = Ex_{CE} + Rx_{CR}$ 　　　(4.19)

式(4.18)より　　　$\dfrac{R}{E} = \dfrac{x_{AE} - x_{AM}}{x_{AM} - x_{AR}}$ 　　　(4.20)

式(4.19)より　　　$\dfrac{R}{E} = \dfrac{x_{CE} - x_{CM}}{x_{CM} - x_{CR}}$ 　　　(4.21)

式(4.20)，(4.21)より，点 M は線分 RE を $E:R$ に内分する点となる．つまり線分 RM と ME の長さから，あるいは式(4.20)または式(4.21)から，抽出液と抽残液の質量比(R/E)が求められる．抽出液と抽残液の質量の合計は酢酸-ベンゼン混合溶液と水の質量の合計に等しい．このことから抽出液，抽残液の質量が求められる．

原料中に含まれる抽質のうち，抽出液に回収される割合を抽質の回収率という．回収率 η は次式で与えられる．

$$\eta = \dfrac{Ex_{AE}}{Fx_{AF}}$$ 　　　(4.22)

例題 4.6 酢酸(溶質)40.0 wt%，ベンゼン(原溶媒)60.0 wt% の混合溶液 100 kg に対して，水(溶剤)を用いて 25 ℃ で酢酸の抽出を行い，抽残液中の酢酸の質量分率を 15.0 wt% にしたい．このとき，次の問に答えよ．なお，25 ℃ における酢酸-ベンゼン-水系の平衡関係は表 4.1 に示されている．

(1) 抽出液の組成を求めよ．
(2) 必要な水の量を求めよ．
(3) 酢酸(溶質)の回収率を求めよ．

【解答】 まず，表 4.1 から溶解度曲線を作成し，タイライン，共役線を記入する(図 4.15)．
(1) 抽残液中の酢酸の質量分率が 15.0 wt% だから，溶解度曲線上に抽残液の組成を表す点 R を記入する．この点 R の座標を図から読み取ると，水の質量分率は 0.5 wt% となる．つまり，抽残液の組成は酢酸：15.0 wt%，ベンゼン：84.5 wt%，水：0.5 wt% となる．この点 R から横軸に平行な直線を引き，共役線との交点を求め，さらにこの交点から先に引いた直線に垂直に直線を引き，溶解度曲線との交点を求める．この点が抽残液と平衡状態にある抽出液の組成を表す点 E となる．点 E の座標から，抽出液の組成は，酢酸：58.8 wt%，ベンゼン：3.9 wt%，水：37.3 wt% となる．

図 4.15 三角線図（酢酸，ベンゼン，水）

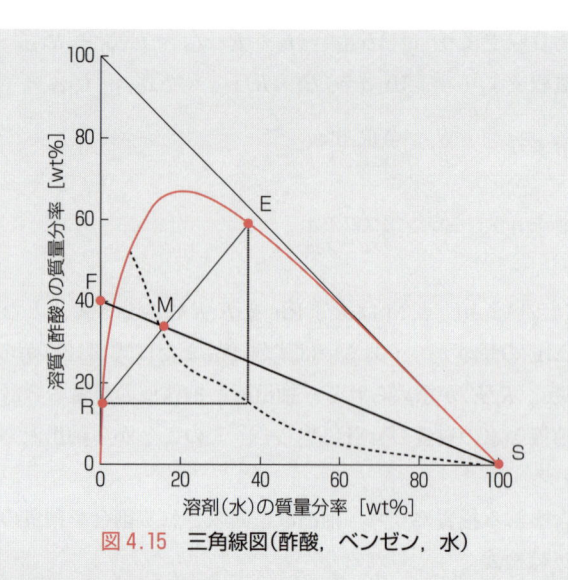

（2）原料溶液の量を F [kg]，水（溶剤）の量を S [kg]，抽出液の量を E [kg]，抽残液の量を R [kg] とする．原料溶液中の酢酸の質量分率を x_{AF}，抽残液中の酢酸，水の質量分率をそれぞれ，x_{AR}，x_{CR}，抽出液中の酢酸，水の質量分率をそれぞれ，x_{AE}，x_{CE} とする．

全体の物質収支より　　$F + S = E + R$
∴　$100 + S = E + R$ 　　　　　　　　　　　　①

酢酸の収支より　　$Fx_{AF} = Ex_{AE} + Rx_{AR}$
∴　$(100)(0.4) = 0.588E + 0.15R$ 　　　　　　②

水の収支より　　$S = 0.373E + 0.005R$ 　　　　　③

①，②，③を連立させて解くと　　$E = 50.5$ kg，$R = 68.7$ kg，$S = 19.2$ kg

（3）酢酸の回収率 $\eta = (50.5)(0.588)/(100)(0.400) = 0.742$

4.5　蒸留操作における物質収支

蒸留 (distillation) とは，液体や蒸気の混合物を蒸気圧の差を利用して分離する操作である．揮発性の混合液を加熱して沸騰させると，混合蒸気が発生する．その組成は混合溶液の組成とは異なり，揮発性の高い成分（低沸点成分）の割合が増えている．この蒸気を凝縮することにより，低沸点成分が濃縮した混合溶液を得ることができる．この原理で混合液を各成分に分離する操作を蒸留といい，化学工業で古くから用いられている分離操作である．

密閉した容器中に混合溶液を入れた状態で加熱していくと，温度，圧力，気相の組成，液相の組成が変化していくが，しばらくするとこれらの値が変わら

☞ **one rank up !**

揮発性

蒸気圧が大きくて気化しやすい性質を揮発性という．常温常圧で空気中に容易に揮発する化合物を「揮発性をもつ」と表現する．

ない状態になる．この状態を気液平衡という．蒸留では，この平衡状態での低沸点成分(蒸気になりやすい成分)の液相におけるモル分率 x と気相におけるモル分率 y との関係が重要となる．平衡状態の液相のモル分率 x を横軸，気相モル分率 y を縦軸にとった線図を x–y 線図(図4.16)という．x–y 線図は実測値から求められるが，ラウール(Raoult)の法則が成り立つ理想溶液の場合は蒸気圧から計算で求めることができる．

☞ **one rank up！**
蒸発と蒸留の違い
蒸発と蒸留は似た操作であるが，蒸発は揮発する成分が一成分である点で蒸留と異なる．水道水など不純物を含む水を沸騰させて，生成した水蒸気を凝縮させて得られた水を蒸留水というが，この操作は蒸発であって蒸留ではない．

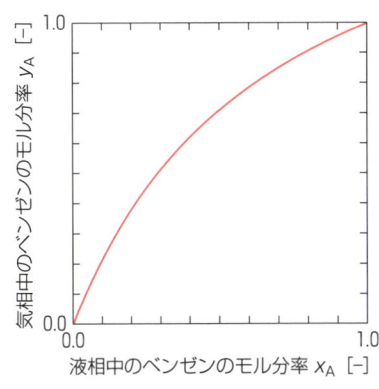

図4.16　ベンゼン－トルエン系の x–y 線図

A，Bの二成分からなる理想溶液とその蒸気とが，ある温度 T で平衡状態にある．Aのほうが低沸点成分(揮発性が高い成分)とする．この理想溶液中のAのモル分率を x_A とするとBのモル分率は $1-x_A$ である．平衡状態にある蒸気中でのA，Bの分圧はそれぞれ p_A，p_B であり，この温度 T におけるA，Bの純成分の蒸気圧を p_A^*，p_B^* とすると次式が成り立つ(ラウールの法則)．

$$p_A = p_A^* x_A \tag{4.23}$$
$$p_B = p_B^* (1 - x_A) \tag{4.24}$$

分圧の和は全圧(ドルトンの分圧法則)だから，全圧を P_T とすると

$$P_T = p_A + p_B = P_A^* x_A + P_B^* (1 - x_A)$$
$$\therefore\ x_A = \frac{P_T - P_B^*}{P_A^* - P_B^*} \tag{4.25}$$

気相のモル分率は分圧を全圧で除した値に等しいので

$$\begin{aligned}
y_A &= \frac{P_A}{P_T} = \frac{P_A^* x_A}{P_T} = \frac{P_A^* x_A}{P_A^* x_A + P_B^* (1 - x_A)} \\
&= \frac{(P_A^*/P_B^*) x_A}{(P_A^*/P_B^*) x_A + (1 - x_A)} = \frac{(P_A^*/P_B^*) x_A}{1 + \{(P_A^*/P_B^*) - 1\} x_A}
\end{aligned} \tag{4.26}$$

ここで，$p_A^*/p_B^* = \alpha$ とおくと

$$y_A = \frac{\alpha x_A}{1+(\alpha-1)x_A} \qquad (4.27)$$

と書ける．$\alpha = p_A^*/p_B^*$ は比揮発度と呼ばれ，α が大きいほど分離が容易になる．蒸気圧は温度によって変化するが，蒸気圧の比（α の値）はあまり変化しない．二成分のそれぞれの沸点における蒸気圧の比の相乗平均値を α_{av} として

$$y_A = \frac{\alpha_{av} x_A}{1+(\alpha_{av}-1)x_A} \qquad (4.28)$$

と表される．

> **one rank up！**
> **相乗平均**
> n 個の正数 $x_1, x_2, \cdots, x_n$ があるとき，これらの数の積の n 乗根 $\sqrt[n]{x_1 \cdot x_2 \cdots x_n}$ を $x_1, x_2, \cdots, x_n$ の相乗平均という．2個の正数 x_1, x_2 の相乗平均は $\sqrt{x_1 \cdot x_2}$ となる．

例題 4.7 大気圧（101.3 kPa）下でのベンゼンとトルエンの沸点はそれぞれ，80.1℃，110.6℃である．そのときの蒸気圧は表 4.2 のように与えられる．ベンゼン-トルエンの x-y 線図を描け．

表 4.2 ベンゼンとトルエンの蒸気圧

温度[℃]	蒸気圧[kPa]	
	ベンゼン	トルエン
80.1	101.3	39.0
110.6	237.8	101.3

【解答】 ベンゼンが低沸点成分である．ベンゼンの沸点（80.1℃）における比揮発度は $\alpha_1 = 101.3/39.0$ である．トルエンの沸点（110.6℃）における比揮発度は $\alpha_2 = 237.8/101.3$ である．平均揮発度を求めると，$\alpha_{av} = \sqrt{\alpha_1 \cdot \alpha_2} = 2.47$（相乗平均）．よって，$x$-$y$ 線図を表す式は下記のようになる．

$$y_A = \frac{\alpha_{av} x_A}{1+(\alpha_{av}-1)x_A} = \frac{2.47 x_A}{1+(2.47-1)x_A} = \frac{2.47 x_A}{1+1.47 x_A}$$

これをグラフに描くと図 4.16 のようになる．

以下，三つの蒸留手法について，それぞれ見ていこう．

4.5.1 単蒸留

単蒸留（simple distillation）は原料液を加熱缶に仕込み，加熱，沸騰させて，発生する蒸気を冷却して凝縮させて受器に貯める方法である（図 4.17）．時間の経過に伴って，凝縮する液の低沸点成分の濃度は徐々に低くなる．そのため，ある程度の凝縮液が受器に貯まると操作を終了する．この単蒸留について物質

4.5 蒸留操作における物質収支

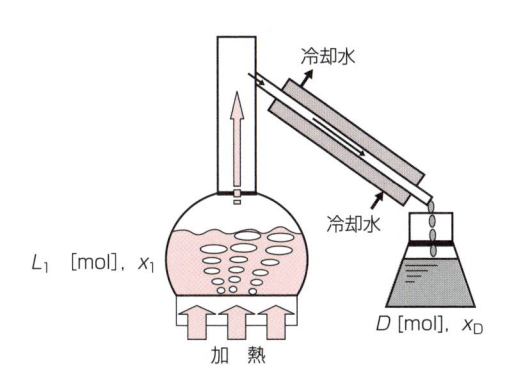

図 4.17 単蒸留

収支を考えてみよう．

はじめに加熱缶に仕込んだ液量を L_0 [mol]，この液の低沸点成分のモル分率を x_0，操作を終了したときに加熱缶に残った液量を L_1 [mol]，この液の低沸点成分のモル分率を x_1 とする．また，受器に貯まった液量を D [mol]，その液のモル分率を x_D とする．

全物質の収支から $\qquad L_0 = D + L_1 \qquad$ (4.29)

低沸点成分の収支から $\qquad L_0 x_0 = D x_D + L_1 x_1 \qquad$ (4.30)

これらの式から受器に貯まった液のモル分率 x_D を求めると

$$x_D = \frac{L_0 x_0 - L_1 x_1}{L_0 - L_1} \qquad (4.31)$$

4.5.2 連続単蒸留

単蒸留を連続的に行うものを**連続単蒸留**(simple continuous distillation, フラッシュ蒸留ともいう)という．原料を連続的に加熱，沸騰させて気–液混合物を分離器で蒸気と液とに分けて，液は装置の下部から，蒸気は上部から取り出す．下部より取り出される液を缶出液という．上部から取り出された蒸気はその後，凝縮されて留出液となる．(図 4.18)この連続単蒸留について物質収支を考えてみよう．

原液の供給速度を F [mol·s^{-1}]，低沸点成分のモル分率を x_F とする．留出液，缶出液の取り出し流量を，それぞれ D [mol·s^{-1}]，W [mol·s^{-1}]，これらの含まれる低沸点成分のモル分率をそれぞれ，y_D，x_W とする．

全物質の収支から $\qquad F = D + W \qquad$ (4.32)

低沸点成分の収支から $\qquad F x_F = D y_D + W x_W \qquad$ (4.33)

留出液中の低沸点成分のモル分率は，蒸気を凝縮させただけなので，蒸気中の

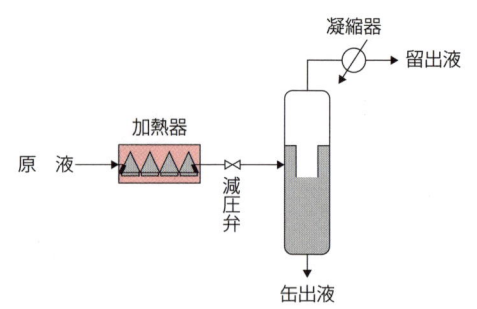

図 4.18 連続単蒸留(フラッシュ蒸留)

低沸点成分のモル分率に等しい．この蒸気中のモル分率は缶出液のモル分率と気‐液平衡関係にある．

気‐液平衡関係はラウールの法則が成り立つとすると

$$y_D = \frac{\alpha x_W}{1+(\alpha-1)x_W} \quad (\alpha : 比揮発度) \tag{4.34}$$

と表される．式(4.32)～(4.34)を連立して解くと，次の例題に示すように連続蒸留の計算ができる．

例題 4.8 成分 A と B が等モル量混合した混合液を流量 $100\,\mathrm{mol\cdot s^{-1}}$ で供給して A のモル分率が 0.750 の留出液を得たい．留出液の流量を求めよ．ただし，比揮発度は $\alpha = 5.00$ で一定と考えてよい．

【解答】 留出液量を $D\,[\mathrm{mol\cdot s^{-1}}]$，缶出液の流量と液中の A のモル分率をそれぞれ $W\,[\mathrm{mol\cdot s^{-1}}]$，$x_W$ とする．

$$\text{全物質の収支から} \quad 100 = D + W \tag{①}$$
$$\text{成分 A の収支から} \quad (0.500)(100) = 0.750D + Wx_W \tag{②}$$

成分 A の気液平衡関係を表す式は，比揮発度 $\alpha = 5.00$ で一定だから

$$y_D = \frac{5x_W}{1+(5-1)x_W} = \frac{5x_W}{1+4x_W} \tag{③}$$

$y_D = 0.750$ を式③に代入すると，$x_W = 0.375$ となる．これを式②に代入して式①と連立して D と W を求めると $D = 33.3\,\mathrm{mol\cdot s^{-1}}$，$W = 66.7\,\mathrm{mol\cdot s^{-1}}$ となる．

4.5.3 精留

工業的に用いられる蒸留方法に，精留装置を用いた**連続精留**(continuous rectification)がある．低沸点成分のモル分率が x_1 である混合溶液を加熱，沸騰させると，モル分率が y_1 である蒸気が発生したとする．これを凝縮し混合溶液とした後，再び加熱，沸騰させると，低沸点成分のモル分率が(y_1 よりも高い)y_2 である蒸気が発生する．さらにこの凝縮，加熱，沸騰を繰り返していくと，低沸点成分の濃度がどんどん増加する．このようにして，蒸留を連続的に行うのが精留である．

精留装置は図4.19に示すように加熱缶，精留塔，凝縮器から構成されている．原料は精留塔の途中から連続的に供給され，塔底部からは高沸点成分に富む缶出液が連続的に取り出される．一方，塔頂からは低沸点成分に富む蒸気が流出する．この蒸気は凝縮器によって凝縮され，一部は還流液として精留塔内へ戻される(**還流**，reflux)．凝縮された残りの液は留出液として連続的に取り出される．還流液流量と留出液流量の比(還流液流量/留出液流量)を還流比という．

精留塔内では蒸気は上部へ，液は下部へと移動している．塔内には多数の段(プレート)が設けられており，それぞれの段では下部からの蒸気と上部からの液とが接触(蒸気が液中を通り抜ける)できるようになっている．上部の段ほど低沸点成分に富み，下段ほど高沸点成分に富む．

精留塔についての物質収支について考えてみよう．装置全体の収支について，図4.20の点線で囲んだ部分の物質の流出入を考える．塔頂より流出した蒸気は凝縮した後に還流液と留出液とに分かれるが，還流液は点線を横切らない流れなので，ここで考える物質収支には考慮にいれなくてよい．

原料供給量，留出液，缶出液の流量をそれぞれ $F\,[\mathrm{mol\cdot s^{-1}}]$，$D\,[\mathrm{mol\cdot s^{-1}}]$，$W\,[\mathrm{mol\cdot s^{-1}}]$ とする．またこれらの液に含まれる低沸点成分のモル分率を，そ

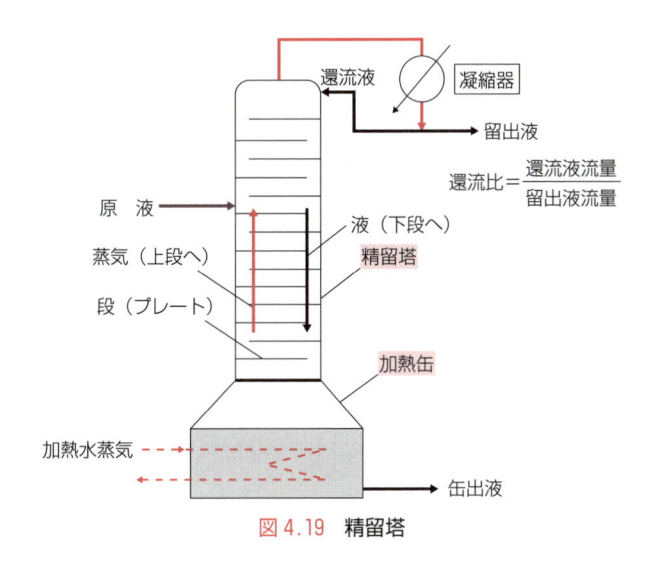

図 4.19 精留塔

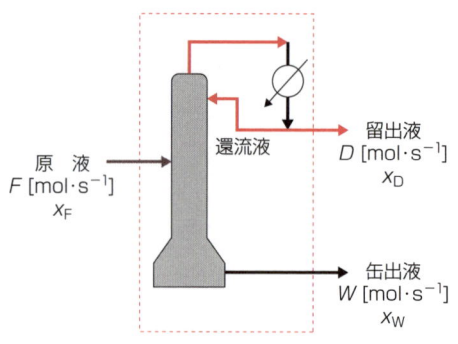

図 4.20 精留塔での物質収支

れぞれ x_F, x_D, x_W とすると

全物質の収支より　　$F = D + W$ 　　　　　　　　(4.35)

低沸点成分の収支より　　$Fx_F = Dx_D + Wx_W$ 　　　　(4.36)

以上の二つの式より　　$D = \dfrac{x_F - x_W}{x_D - x_W} F, \quad W = \dfrac{x_D - x_F}{x_D - x_W} F$

例題 4.9　ベンゼンとトルエンの混合液(ベンゼンのモル分率 0.600)を精留塔に 100 mol·s^{-1} で供給し，還流比 1.50 で操作して上部からベンゼンのモル分率 0.950 の留出液と塔底からトルエンのモル分率 0.950 の缶出液を得たい．留出液，缶出液，還流液の流量を求めよ．

【解答】　留出液，缶出液，還流液の流量をそれぞれ D [mol·s^{-1}]，W [mol·s^{-1}]，L [mol·s^{-1}] とする．図 4.20 に示すように，点線で囲んだ領域に流出入する物質の収支を考える．

全体の収支より　　$100 = D + W$ 　　　　　　　　①

ベンゼンの収支より　　$(0.600)(100) = 0.95D + (1 - 0.95)W$　　②

①，②の連立方程式を解いて

$D = 61.1$ mol·s^{-1}, $W = 38.9$ mol·s^{-1}

還流比が 1.50 だから

還流液の流量 $L = (61.1)(1.50) = 91.7$ mol·s^{-1}

4.6　反応を伴う操作の物質収支

ここまでは，反応を伴わない操作の物質収支を考えてきた．ここでは，化学

反応を伴うプロセス（反応器）における，反応の前後あるいは反応器の入口，出口における物質収支について考える．

反応を伴う物質収支を考える場合，化学反応式を基にして考える．

$$a\text{A} + b\text{B} \longrightarrow c\text{C} + d\text{D}$$

と表される反応について考える．この反応式はAがa [mol]とBがb [mol]反応してCがc [mol]，Dがd [mol]生成することを表している．化学工学では反応式は量的関係を表すと考えるので，反応式のことを**化学量論式**（stoichiometric formula）あるいは量論式という．そして，$a \sim d$ の係数を**量論係数**（stoichiometric coefficient）という．具体的にエタンの燃焼反応を例にとって考えてみよう．

$$2\text{C}_2\text{H}_6 + 7\text{O}_2 \longrightarrow 4\text{CO}_2 + 6\text{H}_2\text{O} \tag{4.37}$$

この反応式は，2 mol のエタンと 7 mol の酸素が反応して二酸化炭素 4 mol と水 6 mol が生成することを表している．この量論式の左辺の物質であるエタンと酸素が反応成分であり，右辺の物質である二酸化炭素と水が生成成分である．通常，エタン 2 mol を完全燃焼させるためには，酸素は量論上の 7 mol より多く供給される．

ここで，エタン 4 mol と酸素 16 mol とを供給して反応させた．その結果，エタン 2 mol と酸素 7 mol が反応し，二酸化炭素が 4 mol，水が 6 mol 生成したとする．反応の前後の物質量について表 4.3 にまとめた．

このとき，量論比に比べて最も少なく供給される反応成分を限定反応成分という．この場合は，限定反応成分はエタンとなる．反応開始時（反応器入口）における各反応成分の物質量を各成分の量論係数で割った値が最小となる物質が限定反応成分となる．

この場合，反応成分はエタンと酸素であり，反応開始時のそれぞれのモル数は 4 mol と 16 mol である．そして，それぞれの量論係数は 2 と 7 である．よって割った値は，エタンは 4 mol/2 = 2 mol，酸素は 16 mol/7 = 2.29 mol となり，

表 4.3　反応前後（反応器前後）の各成分の物質量の変化

	反応開始時 反応器入口	反応による増減	反応終了時 反応器出口
C_2H_6	4 mol	−2 mol	2 mol
O_2	16 mol	−7 mol	9 mol
CO_2	0 mol	+4 mol	4 mol
H_2O	0 mol	+6 mol	6 mol
合計	20 mol	+1 mol	21 mol

エタンのほうが小さいので限定反応成分はエタンとなる．逆に量論比以上に供給される物質を過剰反応成分という．ここでは，過剰反応成分は酸素となる（酸素の供給量は 16 mol だが，量論的に必要な量は 14 mol）．どれぐらい過剰であるかを示す指標として，次式で定義される過剰百分率がある．

$$過剰百分率 = \frac{過剰反応成分の物質量 - 量論的に必要な反応成分の物質量}{量論的に必要な反応成分の物質量} \times 100 \quad (4.38)$$

この例の場合，過剰百分率は $\{(16-14)/14\} \times 100 = 14.3\%$ となる．式(4.38)の分母である「量論的に必要な反応成分の物質量」とは，限定成分すべてを目的生成物にするために量論的に必要な量である．つまり，実際には副反応が起きる場合でも，副反応は起こらず主反応のみが起こるとして，限定成分をすべて目的生成物へと反応させるために必要な物質量のことである．

反応の前後で総モル数は 20 mol から 21 mol へ変化している．しかし，表 4.4 のように，反応の前後で総質量は保存される．つまり，質量で物質収支をとることができる．また，原子(炭素，水素，酸素)の物質量に注目しても反応の前後で変化しない．つまり，各原子の物質量についても物質収支がとれる．

反応器に供給された原料は，すべてが一つの反応式に従って目的の生成物を生成するとは限らない．他の反応によって副生成物を生成する場合がある．

たとえば，次のような反応について考える．限定反応成分 A は B と反応して目的生成物 P を生成する．しかし，同時に一部の A は分解して副生成物 S を生成する．

$$A + B \longrightarrow 2P (目的生成物) \quad ①$$
$$A \longrightarrow S (副生成物) \quad ②$$

表 4.4 反応前後(反応器前後)の物質収支

	反応開始時(反応器入口)		反応終了時(反応器出口)	
C_2H_6	4 mol	120 g	2 mol	60 g
O_2	16 mol	512 g	9 mol	288 g
CO_2	0 mol	0 g	4 mol	176 g
H_2O	0 mol	0 g	6 mol	108 g
合計	20 mol	632 g	21 mol	632 g
C	C_2H_6	8 mol	C_2H_6, CO_2	8 mol
H	C_2H_6	24 mol	C_2H_6, H_2O	24 mol
O	O_2	32 mol	O_2, CO_2, H_2O	32 mol

このように，複数の反応式で表される反応を複合反応という．一方，一つの反応式で表される反応を単一反応という．

はじめに，A，B をそれぞれ 10.0 mol ずつ反応器に仕込んで反応させたとする．その結果，①の反応（主反応）により A，B はそれぞれ 8.00 mol ずつ消費されて P が 16.0 mol 生成した．そして②の反応（副反応）により，A は 1.00 mol 消費され，副生成物 S が 1.00 mol 生成した．つまり，A は①，②の反応で合計 9.00 mol 消費された．これをまとめると表 4.5 のようになる．

表 4.5 複合反応における反応前後（反応器前後）の物質収支

	反応開始時	①の反応による増減	②の反応による増減	①+②の反応による増減	反応終了時
A	10.0 mol	−8.00 mol	−1.00 mol	−9.00 mol	1.00 mol
B	10.0 mol	−8.00 mol	± 0 mol	−8.00 mol	2.00 mol
P	0 mol	+16.00 mol	± 0 mol	+16.00 mol	16.00 mol
S	0 mol	± 0 mol	+ 1.00 mol	+1.00 mol	1.00 mol

この反応において，原料として供給された限定反応成分 A のうち，反応によって消費された割合を転化率といい，次式で定義される．

$$\text{転化率} = \frac{\text{反応により消費された限定反応成分の物質量}}{\text{反応器に供給された限定反応成分の物質量}} \times 100 \quad (4.39)$$

上記の反応の場合の転化率は，$(9.00/10.0) \times 100 = 90.0\%$ である．

また，供給された A のうち，目的生成物 P を生成するために消費された A の割合を収率といい，次式で定義される．

$$\text{収率} = \frac{\text{目的生成物の生成のために消費された限定反応成分の物質量}}{\text{反応器に供給された限定反応成分の物質量}} \times 100 \quad (4.40)$$

上記の反応の場合の収率は，$(8.00/10.0) \times 100 = 80.0\%$ である．

最後に，反応によって消費された A のうち，目的生成物 P を生成するために消費された A の割合を選択率といい，次式で定義される．

$$\text{選択率} = \frac{\text{目的生成物の生成のために消費された限定反応成分の物質量}}{\text{反応により消費された限定反応成分の物質量}} \times 100 \quad (4.41)$$

上記の反応の場合の選択率は，$(8.00/9.00) \times 100 = 88.9\%$ である．転化率，収率，選択率の間には，次の関係がある．

$$\text{選択率} = \frac{\text{収率}}{\text{転化率}} \times 100 \quad (4.42)$$

例題 4.10 エタン(80.0%)と酸素(20.0%)からなる原料ガスを 100 mol・min^{-1} で燃焼装置に送り込み，200%過剰空気(酸素 21.0%，窒素 79.0%)で燃焼する(生成物は二酸化炭素，一酸化炭素，水．図 4.21)．エタンの転化率は 90.0%であり，二酸化炭素の収率は 80.0%であった．このときの，燃焼後のガス組成を計算せよ．

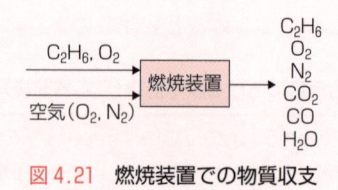

図 4.21 燃焼装置での物質収支

【解答】
$$C_2H_6 + \frac{7}{2}O_2 \longrightarrow 2CO_2 + 3H_2O \quad ①$$
$$C_2H_6 + \frac{5}{2}O_2 \longrightarrow 2CO + 3H_2O \quad ②$$

(1) 供給される空気量は？

エタンの完全燃焼は式①に従う．よって，量論的にはエタン 1.00 mol に対して 3.50 mol の酸素が必要である．ここでは，エタン流量 80.0 mol・min^{-1} に対して 280 mol・min^{-1} の流量で酸素を供給する必要がある．

原料ガス中の酸素流量が 20.0 mol・min^{-1} なので，外部から供給する必要のある酸素流量は，量論上は 260 mol・min^{-1} である．空気中の酸素濃度は 21.0%だから，量論上必要な空気流量は，260 mol・min^{-1} × 100/21 = 1238 mol・min^{-1} となる．酸素は 200%過剰供給されるので，1238 mol・min^{-1} × 3 = 3714 mol・min^{-1} の空気が供給される．よって，供給される空気中の酸素流量は 780 mol・min^{-1}，窒素流量は 2934 mol・min^{-1} となる．

(2) 二酸化炭素の生成量は？

二酸化炭素の収率が 80.0%だから，80.0 mol × 0.8 = 64.0 mol のエタンが二酸化炭素の生成のために消費された．このとき，酸素は 64.0 mol ×(7/2) = 224 mol 消費され，64.0 mol × 2 = 128 mol の二酸化炭素と 64.0 mol × 3 = 192 mol の水が生成した．

(3) 一酸化炭素の生成量は？

エタンの転化率が 90.0%なので，消費されるエタンの量は，80.0 mol × 0.9 = 72 mol となる．二酸化炭素の生成のためにエタンは 64.0 mol 消費されているので，一酸化炭素の生成のために消費されるエタンの量は，72.0 mol − 64.0 mol = 8.0 mol となる．式②より，このとき酸素は 8.0 mol ×(5/2) = 20 mol 消費される．そして，一酸化炭素が 8.0 mol × 2 = 16 mol，水が 8.0 mol × 3 = 24 mol 生成する．

(4) 以上をまとめると表4.6のようになる．

表4.6　燃焼装置における物質収支

	供給される量	①式の反応による増減	②式の反応による増減	出口ガス量	出口ガス組成
エタン	80 mol	−64 mol	−8 mol	8 mol	0.21%
酸素	20 + 780 = 800 mol	−224 mol	−20 mol	556 mol	14.4%
窒素	2934 mol	±0	±0	2934 mol	76.1%
二酸化炭素	0	128 mol	±0	128 mol	3.32%
一酸化炭素	0	±0	16 mol	16 mol	0.41%
水	0	192 mol	24 mol	216 mol	5.60%

章末問題

1) 濃度 3.00 wt% の水酸化ナトリウム水溶液を $100 \text{ kg} \cdot \text{h}^{-1}$ で蒸発缶に供給し 10.0 wt% に濃縮したい．蒸発水量を求めよ．

2) 吸収塔の塔底部から，アンモニア 65.0%，空気 35.0% の混合気体を 20.0 ℃，1.00 atm の状態で体積流量 $50.0 \text{ m}^3 \cdot \text{h}^{-1}$ で供給している．塔頂部より $900 \text{ kg} \cdot \text{h}^{-1}$ の水を降らせて，アンモニアを吸収している．塔頂部から排出される混合気体の組成はアンモニア 3.00%，空気 97.0% である．このとき，以下の問いに答えよ．分子量は，アンモニア：17.0，水：18.0 とする．
 (1) 塔底部より供給される混合ガスのモル流量を求めよ．
 (2) 塔底部より排出される水に含まれるアンモニアの濃度を求めよ．
 (3) 塔底より供給されたアンモニアのうち水に吸収されたアンモニアの割合(アンモニア吸収率)を求めよ．

3) 有害物質 P の水溶液の平衡濃度 $C_e \text{ [mol} \cdot \text{m}^{-3}\text{]}$ と平衡吸着量 $q_e \text{ [mol} \cdot \text{kg}^{-1}\text{]}$ との関係は次式のように表される．

$$q_e = kC_e^n \qquad ①$$

次の実験1，2の結果から，式①中の n の値を求めよ．

〈実験1〉
濃度が $C_0 \text{ [mol} \cdot \text{m}^{-3}\text{]}$ の有害物質 P の水溶液 $V \text{ [m}^3\text{]}$ に活性炭 $W \text{ [kg]}$ を投入すると，水溶液の濃度ははじめの半分($0.5\,C_0 \text{ [mol} \cdot \text{m}^{-3}\text{]}$)となった．

〈実験2〉

濃度が $C_0\,[\mathrm{mol\cdot m^{-3}}]$ の有害物質 P の水溶液 $V\,[\mathrm{m^3}]$ に活性炭 $2W\,[\mathrm{kg}]$ を投入すると，水溶液の濃度ははじめの濃度の 1/4（$0.25\,C_0\,[\mathrm{mol\cdot m^{-3}}]$）となった．

4] アセトアルデヒドの 45.0 wt% 水溶液 100 kg に溶剤を $S\,[\mathrm{kg}]$ 加えてアセトアルデヒドを抽出した．このとき，$E\,[\mathrm{kg}]$ の抽出液が得られ，その組成はアセトアルデヒド 22.6 wt%，水 2.00 wt%，溶剤 75.4 wt% であった．また，抽残液は $R\,[\mathrm{kg}]$ 得られ，その組成はアセトアルデヒド 22.4 wt%，水 74.6 wt%，溶剤 3.00 wt% であった．このときの抽出液，抽残液の量，および加えた溶剤の量を求めよ．また，アセトアルデヒドの回収率を求めよ．

5] 図 4.22 に示す分離システムで，メタノール，水，微量物質 A，B の混合物（水のモル分率 0.273，メタノールのモル分率 0.725，微量成分 A，B のモル分率それぞれ 0.001）を $1000\,\mathrm{mol\cdot h^{-1}}$ の流量で供給してそれぞれの成分に分離する．

① 第 1 塔では，微量成分 B とメタノールの混合物と，水，メタノール，微量成分 A の混合物に分離する．このときの流量はそれぞれ $F_9\,[\mathrm{mol\cdot h^{-1}}]$ で第 2 塔へ，$F_{10}\,[\mathrm{mol\cdot h^{-1}}]$ で第 3 塔へ送られる．

② 第 2 塔では，微量成分 B とメタノールの混合物（微量成分 B のモル比 0.07）をメタノールと微量成分 B とに分離する．このときのメタノール流量は $F_1\,[\mathrm{mol\cdot h^{-1}}]$，微量成分 B の流量は $F_2\,[\mathrm{mol\cdot h^{-1}}]$ である．

③ 第 3 塔では，水，メタノール，微量成分 A からメタノールと水とを回収する．回収されるメタノールの流量は $F_3\,[\mathrm{mol\cdot h^{-1}}]$，水は $F_5\,[\mathrm{mol\cdot h^{-1}}]$

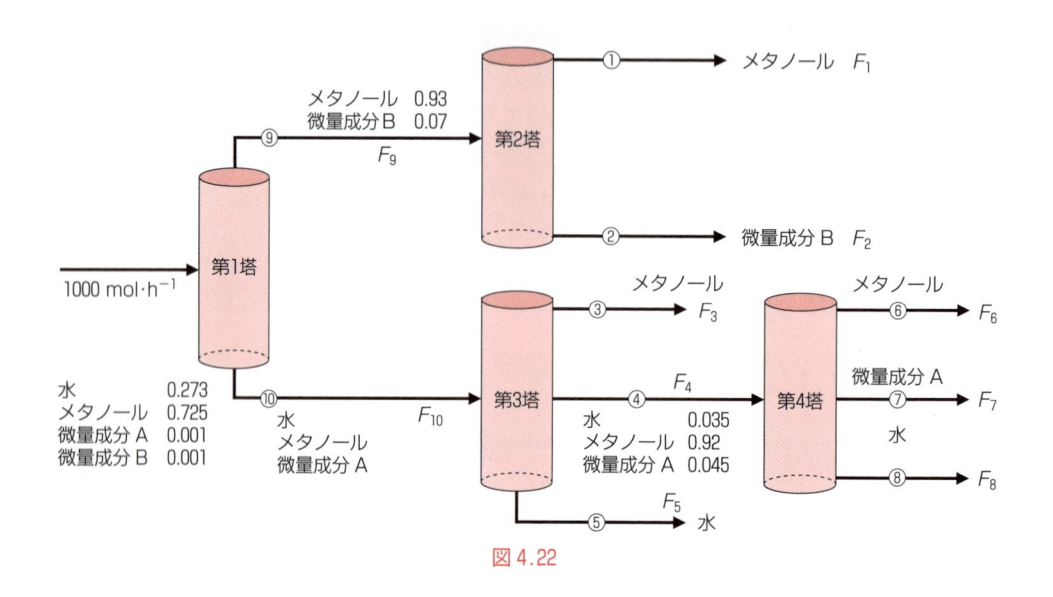

図 4.22

である.残りの水,メタノール,微量成分Aの混合物(流量F_4 [mol·h^{-1}],水のモル分率0.035,メタノールのモル分率0.92)は第4塔へ送られる.

④第4塔では,メタノール,微量成分A,水に分離されて排出される.その流量はそれぞれF_6 [mol·h^{-1}],F_7 [mol·h^{-1}],F_8 [mol·h^{-1}]である.

このとき,次の問いに答えよ.
(1) 各流量F_1〜F_{10}を求めよ.
(2) 流量F_{10}中の各成分(水,メタノール,微量成分A)のモル分率を求めよ.

6 次のような反応について考える.

$$A + B \longrightarrow P \qquad ①$$
$$A + 2B \longrightarrow S \qquad ②$$

反応開始時にAは100 mol,Bは150 mol,不活性物質が40.0 molあった.PとSは反応開始時にはなかった.反応後,Aは40.0 molであり,生成物中のPのモル分率は0.250であった.
(1) Aの転化率を求めよ.
(2) 反応後のPの物質量を求めよ.
(3) 生成物Pへの選択率を求めよ.

第5章 化学プロセスにおける物質収支

【この章の概要】

ここまでは，一つの装置，操作に伴う物質収支について取り扱ってきた．だが実際の化学工場では，これらの装置が複数組み合わさって化学製品が製造されている．

ここでは，複数の装置からなるプロセスの装置間のフロー（流れ）について考える．考え方の基本は，今までの一つの装置の場合と同じである．

5.1 リサイクルを伴う化学プロセスにおける物質収支

化学プロセスでは，ある成分を濃縮するために，あるいは未利用成分の再利用のために，物質の流れをリサイクルすることが多い．ここでは，反応を伴わないプロセスにおいて，リサイクルがある場合の物質収支について学習する．

例題5.1 図5.1に示すような混合器，蒸発器，分離器からなるプロセスで，水溶液からクロム酸カリウム（K_2CrO_4）を回収する．

まず，原料の30.0%のクロム酸カリウム水溶液を，分離器で分離された40.0%のクロム酸カリウム水溶液と，混合器で混合する．混合器を出た後，蒸発器で水を蒸発させて，クロム酸カリウムの濃度を50.0%まで濃縮する．濃縮された水溶液は分離器内で冷却され，析出したクロム酸カリウム（固体）と40.0%のクロム酸カリウム水溶液とに分離される．析出したクロム酸カリウム（固体）はただちに分離器から取り出される．そして，40.0%のクロム酸カリウム水溶液は混合器へとリサイクルされる．

原料として30.0%のクロム酸カリウム水溶液を4000 kg·h^{-1}で供給するとき，回収されるクロム酸カリウム（固体）の流量 P [kg·h^{-1}]，蒸発器で蒸発さ

せられる水の量 W [kg・h^{-1}]，および混合器へリサイクルされる水溶液流量 R [kg・h^{-1}] を求めよ．

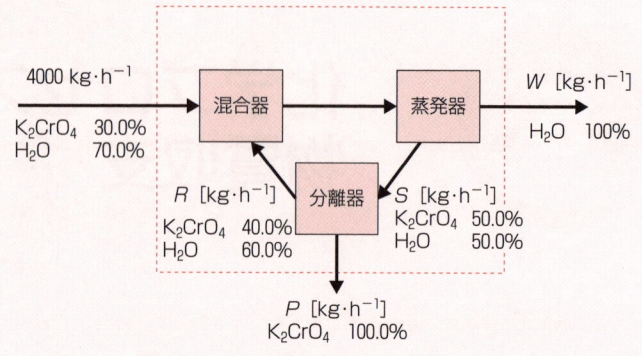

```
4000 kg・h⁻¹ ──→ [混合器] ──→ [蒸発器] ──→ W [kg・h⁻¹]
K₂CrO₄  30.0%                                H₂O  100%
H₂O     70.0%
                    ↑           ↓
                    R [kg・h⁻¹]  [分離器]  S [kg・h⁻¹]
                    K₂CrO₄ 40.0%           K₂CrO₄ 50.0%
                    H₂O    60.0%           H₂O    50.0%
                                ↓
                            P [kg・h⁻¹]
                            K₂CrO₄ 100.0%
```

図5.1 クロム酸カリウム回収プロセス

【解答】 物質収支を考える領域(系)を決める．まず，図5.1の赤の点線のように三つの装置を含む大きな領域について考える．領域に流出入する物質の収支をとってみよう．領域に流入するフローは混合器への原料(流量 F = 4000 kg・h^{-1})，流出するフローは蒸発器から出てくる水(流量 W [kg・h^{-1}])と分離器から出てくる製品(流量 P [kg・h^{-1}])である．よって

全体の物質収支　　$F = 4000 = W + P$　　　　　　　　　　①

クロム酸カリウムについての物質収支　　$0.3F = P$　　　　②

①，②より，$P = 1200$ kg・h^{-1}，$W = 2800$ kg・h^{-1} が求まる．

次に，分離器を領域として，分離器に流出入する物質について収支をとる．蒸発器を出た濃縮されたクロム酸カリウム水溶液の流量を S [kg・h^{-1}] とする．

全体の物質収支　　$S = P + R = 1200 + R$　　　　　　　　③

クロム酸カリウムについての物質収支

$0.500S = P + 0.400R = 1200 + 0.400R$　　　　　　　　　④

③，④より，$S = 7200$ kg・h^{-1}，$R = 6000$ kg・h^{-1} が求まる．

5.2 反応と分離を伴う化学プロセスにおける物質収支

反応によって生成物が得られるが，反応器から流出してくる成分が生成物のみであることは非常に希である．副反応による生成物や未反応成分が混ざり，反応器から流出してくる．よって，これを分離装置に導き生成物を精製したり，

5.2 反応と分離を伴う化学プロセスにおける物質収支

あるいは未反応成分を分離して反応器入口へリサイクルすることが多い.

ここでは,反応生成物を分離するプロセス(リサイクルは行わない場合)における物質収支について学習する.

例題 5.2 図 5.2 に示すヨウ化メチルの製造プロセスについて考える.反応器では式(a)で示すような反応が起こっている.

$$\text{HI} + \text{CH}_3\text{OH} \longrightarrow \text{CH}_3\text{I} + \text{H}_2\text{O} \tag{a}$$

反応器へはヨウ化水素 200 kg·day^{-1} に過剰のメタノールを添加して供給している.生成物は分離器で製品と廃液に分離される.製品の組成は 81.6 wt% ヨウ化メチルと未反応のメタノールであり,160 kg·day^{-1} の量が得られる.廃液にはヨウ化水素と水が含まれる.

このとき,(1)反応器でのヨウ化水素の転化率(反応率),(2)メタノールの添加量(M [kg·day^{-1}]),(3)廃液の量(W [kg·day^{-1}])を求めよ.なお,分子量はヨウ化水素 128,ヨウ化メチル 142,水 18,メタノール 32 とする.

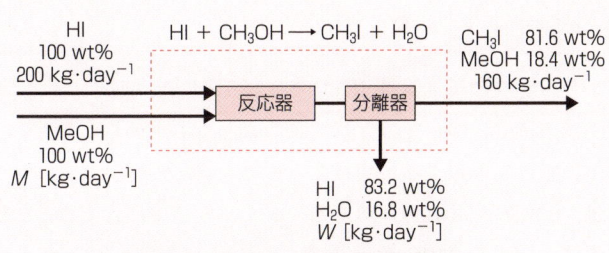

図 5.2 ヨウ化メチルの製造プロセス

【解答】 物質収支を考える領域(系)を決める.まず点線で囲んだ,装置を含んだ領域を決める.この領域に流出入する物質の収支をとる.領域に流入するフローは反応器に供給するヨウ化水素(流量 200 kg·day^{-1})とメタノール(流量 M [kg·day^{-1}])である.

全体の物質収支 $200 + M = 160 + W$ ①

反応器を含んでいるために,全体の質量は保存されるので①が成り立つが,各成分の収支を考えるには,反応の前後の各成分の物質量の変化について考える必要がある.

図 5.2 に示したように,生成したヨウ化メチルはすべて分離器からメタノールとともに製品のフロー(流量 160 kg·day^{-1})として領域から流出する.したがって,反応によって生成するヨウ化メチルの物質量は,(0.816)

(160)/142 kmol·day^{-1} である．このことと式（a）に示す量論式より，反応器で消費されるヨウ化水素が 0.919 kmol·day^{-1} であることがわかる．

反応器に供給されるヨウ化水素の物質量流量は 200/128 kmol·day^{-1} なので，ヨウ化水素の転化率は 0.919/1.56 = 0.589 で 58.9% となる．

次にメタノールについて考える．メタノールは反応器で反応によって消費され，未反応のメタノールはすべて製品のフロー中に含まれる．製品フロー中のメタノール流量は，(1 − 0.816)(160)/32 = 0.920 kmol·day^{-1} である．これが，未反応のメタノール流量である．式（a）の量論式より，反応器で消費されるメタノールの量が 0.919 kmol·day^{-1} だから，反応器に供給されるメタノールの物質流量は，0.920 + 0.919 = 1.84 kmol·day^{-1} となる．これを質量流量に換算すると，反応器に供給されるメタノールの質量流量 M が求まる．よって

$$M = (32)(1.84) = 58.9 \text{ kg·day}^{-1}$$

この値を式①に代入すると式②となる．

$$200 + 58.9 = 160 + W \qquad ②$$

式②より，廃液の質量流量 W は 98.9 kg·day^{-1} となる．

なお，廃液の流量については，次のようにしても求められる．

廃液中の水は反応によって生成するので，式①の量論式より，生成する水の量は，0.919 kmol·day^{-1} である．また，廃液中に含まれる未反応のヨウ化水素は，1.56 − 0.919 = 0.641 kmol·day^{-1} である．よって，廃液の質量流量は，(0.919)(18) + (0.641)(128) = 98.6 kg·day^{-1} となる．

質量流量 W の値が先の解法と比べ 0.3 kg·day^{-1} の違いがあるが，これは計算途中で数字を丸めたために誤差が生じたものである．

> **one rank up !**
> **数値を丸めるとは**
> 数値を必要な精度まで桁を落とすことで，四捨五入のようなもの．しかし，四捨五入で数値を丸めると次のようなことが起こる．切り捨てられる数値は 1～4 の四つで，一方，切り上げられるのが 5～9 の五つと切り上げられるほうが多くなり，平均すると正の誤差を生じやすくなる（数値が大きくなる）．このため JIS Z8401 の規則 A では，5 の場合は丸めた数値が偶数になるほうを選ぶと定められている．たとえば，小数点以下 1 桁まで丸める場合，11.25 なら 5 を切り捨てて 11.2 に，11.35 なら 5 を切り上げて 11.4 にする．一般的にはこの規則 A が望ましいとされているが，四捨五入も JIS Z8401 の規則 B に定められている．

章末問題

1] 図 5.3 に示すようなプロセスがある．フロー①～③における質量流量と A の濃度を求めなさい．

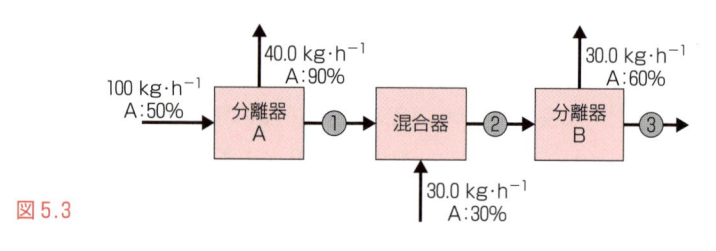

図 5.3

2] プロパンの脱水素反応($C_3H_8 \rightarrow C_3H_6 + H_2$)を図 5.4 のようなプロセスで行った.

製品ガス中のプロパンのモル流量は $5.00\ \mathrm{mol \cdot h^{-1}}$ である.反応器から出たプロパンモル数の 0.555% が製品ガス中に残留している.製品ガス中のプロピレン流量の 5.00% がリサイクル中のプロピレン流量である.このとき,以下の問いに答えよ.

（1）製品ガス中のプロピレンのモル分率を求めよ.
（2）リサイクルフロー中のプロパン流量を求めよ.
（3）反応器前後におけるプロパンの転化率を求めよ.

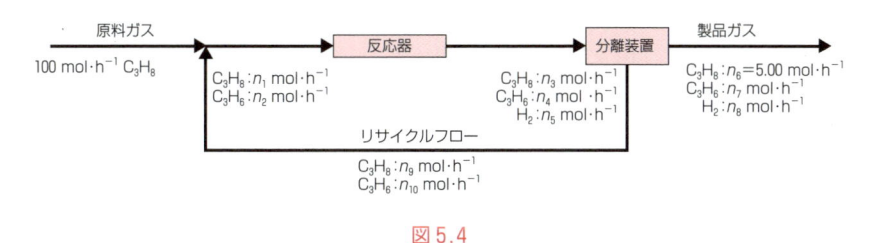

図 5.4

3] 今,A,B を反応させて製品 P を得るプロセスを考える(図 5.5).反応器では次に示す主反応と副反応が起こる.

$$A + B \longrightarrow P \qquad \text{①（主反応）}$$
$$A + \frac{1}{2}B \longrightarrow S \qquad \text{②（副反応）}$$

反応器からは,目的生成物 P,副生成物 S,未反応の A,B が排出される(③).これを分離器 1 で目的生成物 P とそれ以外に分離する.つまり,分離器 1 からは,流量 $E\ [\mathrm{mol \cdot h^{-1}}]$ で目的生成物 P が製品として取り出される(④).それ以外の A,B,S は分離器 2 に送り込まれる(⑤).分離器 2 からは,副生成物 S と未反応の A,B の一部が流量 $W\ [\mathrm{mol \cdot h^{-1}}]$ で取り出される(⑥).それ以外の未反応の A,B は流量 $R\ [\mathrm{mol \cdot h^{-1}}]$ でリサイクルされ(⑦),原料(①)と合流して反応器に供給される(②).リサイクルされるフロー⑦には S は含まれていない(A,B のみである.)

今,原料として流量 $100\ \mathrm{mol \cdot h^{-1}}$ で A と B を等モルで供給する.この原料はリサイクルされる A,B と合流して反応器に供給される.反応器入口の A のモル流量を基準にすると,反応器での A の転化率は 60.0% であり,

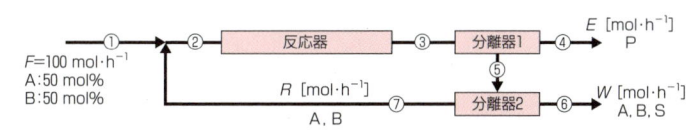

図 5.5

AからPへの選択率は80.0%であった．そして，製品Pは28.8 mol·h^{-1}で取り出されている（$E = 28.8$ mol·h^{-1}）．また，リサイクルされるフロー⑦中のAとBのモル比は分離器2で排出されるフロー⑥中のAとBのモル比に等しかった（フロー⑦中のAのモル流量をBのモル流量で割った値は，フロー⑥中のAのモル流量をBのモル流量で割った値に等しい）．

このとき，次の問いに答えよ．

（1）反応器入口のAのモル流量を基準としたときの製品Pの収率を求めよ．

（2）分離器2から取り出される副生成物Sのモル流量を求めよ（流量W [mol·h^{-1}]ではない）．

（3）フロー⑦中のAとBのモル比（フロー⑦中のAのモル流量をBのモル流量で割った値）を求めよ．

（4）リサイクルされるモル流量R [mol·h^{-1}]を求めよ．

第6章 エネルギー収支

【この章の概要】

化学プロセスでは物質の流れが重要であるが，それと同様にエネルギーの流れも重要である．ここまでは物質の流れ（物質収支）について述べてきたが，ここではエネルギーの流れ（エネルギー収支）について考えていく．

6.1 熱収支

熱力学第一法則(the first law of thermodynamics)より，エネルギーは保存される．つまり，物質収支のときと同じように，領域(系)を決めて領域に流出入するエネルギーの収支について考えることができる．

領域に流出入するエネルギーは，①流出入する物質のもつエネルギー，②外部からの熱量の流出入 Q（$Q>0$ なら流入，$Q<0$ なら流出），③領域に加えられる機械的仕事(撹拌など)W が考えられる．

流出入する物質のもつエネルギーは，内部エネルギー(U)，運動エネルギー(E_K)，位置エネルギー(E_P)，流体の流れ仕事(PV)の和 $U+E_K+E_P+PV$ である．ここで，$U+PV$ は**エンタルピー**(enthalpy)H なので，物質がもつエネルギーは $H+E_K+E_P$ と書ける．しかし，通常の化学プロセスでは位置エネルギー，運動エネルギーの変化は小さいので，エンタルピー H だけに注目すればよい．

領域に流出入するのは種々の物質の混合物である．そこで，混合物中の物質 i の流入する流量を $G_{i,in}$，流出する流量を $G_{i,out}$ とする．また，H_i を物質 i の単位量あたりのエンタルピー，つまり物質がもつエネルギーとすると，流入する物質のもつエネルギーは $\sum G_{i,in} H_i$，流出する物質のもつエネルギーは $\sum G_{i,out} H_i$ となる．

これを用いて領域内の単位時間あたりのエネルギー変化 ΔE を表すと，次の

> **one rank up !**
> **熱力学第一法則**
> エネルギーはいろいろな形態をとるが，ある系とその周囲との総エネルギー量はつねに一定に保たれるという法則．エネルギー量を表す内部エネルギー U が定義され，物質の出入りがない閉鎖系では，外界から系に加えられる熱量を Q，外界から系にされる仕事を W とすると，熱力学第一法則は，$\Delta U = Q + W$ のかたちで表される．

図 6.1　熱収支

ようになる(図 6.1).

$$\Delta E = \sum G_{i,\text{in}} H_i - \sum G_{i,\text{out}} H_i + Q + W \tag{6.1}$$

ここで，化学プロセスでは加えられる機械的仕事 W の寄与が小さいと仮定すると，式(6.1)は簡略化されて次のように表される．

$$\Delta E = \sum G_{i,\text{in}} H_i - \sum G_{i,\text{out}} H_i + Q \tag{6.2}$$

この式はこれからの基礎となる式であり，エンタルピー収支を考えているものであるため，**熱収支**(heat balance)**式**と呼ばれる．

定常状態である場合，左辺の $\Delta E = 0$ となるので

$$\sum G_{i,\text{in}} H_i - \sum G_{i,\text{out}} H_i + Q = 0 \tag{6.3}$$

となる．

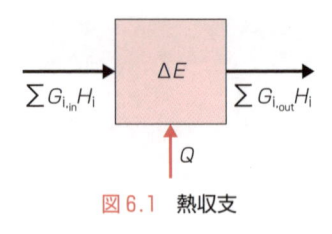

> **one rank up!**
> **熱収支の式の適用範囲**
> なお，これらの式(式 6.2, 6.3)は物質の運動エネルギーや機械的仕事を無視するなど種々の仮定に基づいて導かれた近似式であり，これが適用できない場合もあることに注意すること．たとえば，第 11 章で述べるように流体を管路で輸送する場合は，位置エネルギー，運動エネルギー，機械的仕事が重要となる．

6.2　エンタルピー変化の計算

6.2.1　化学反応を含まない場合のエンタルピー変化

熱収支を考えるにはエンタルピー変化を計算する必要がある．エンタルピーは次のように表される．

$$(\text{エンタルピー}) = (\text{エンタルピーの基準}) + (\text{顕熱}) + (\text{潜熱}) \tag{6.4}$$

エンタルピーでは，圧力 1 atm (= 0.1013 MPa)，0 ℃を基準にしている．状態 1 (H_1) から状態 2 (H_2) へのエンタルピー変化(ΔH)は，同じ基準を使えば(顕熱)+(潜熱)の差となる．

6.2.2　顕熱

顕熱(sensible heat)とは，物質の温度上昇に使われる熱である．顕熱には kg を基準にしたものと，mol を基準にしたものがある．ある物質 1 kg を温度 1 K 上昇させるのに必要な熱量を比熱容量[J·kg^{-1}·K^{-1}]という．1 mol の物質を温度 1 K 上昇させるために必要な熱量はモル熱容量[J·mol^{-1}·K^{-1}]という．また圧力一定で加熱する場合を定圧比熱容量 c_p [J·kg^{-1}·K^{-1}]，定圧モル熱容量 C_p [J·mol^{-1}·K^{-1}]という．一方，容積一定で加熱する場合を定容比熱容量 c_v [J·kg^{-1}·K^{-1}]，定容モル熱容量 C_v [J·mol^{-1}·K^{-1}]という．

定圧熱容量と定容熱容量の間には以下のような関係がある．

$$\text{液体，固体}: C_p \cong C_v \tag{6.5}$$

$$\text{気体}: C_p - C_v = R (\text{気体定数}) \tag{6.6}$$

気体の場合，定圧熱容量は温度 T [K]の関数で次のように表される．

$$C_\mathrm{p} = a + bT + cT^2 \tag{6.7}$$

ある気体を温度 T_1 [K]から T_2 [K]に上昇させるときのエンタルピー変化 ΔH は次式のように表される．

$$\Delta H = \int_{T_1}^{T_2} C_\mathrm{p}\, \mathrm{d}T \tag{6.8}$$

この温度範囲で定圧熱容量が一定とすると，その一定値(平均定圧熱容量 $\overline{C_\mathrm{p}}$)は次式で定義される．

$$\overline{C_\mathrm{p}} = \frac{\Delta H}{T_2 - T_1} = \frac{\int_{T_1}^{T_2} C_\mathrm{p}\, \mathrm{d}T}{T_2 - T_1} \tag{6.9}$$

よって，この定圧平均熱容量を用いてエンタルピー変化を表すと次式になる．

$$\Delta H = \overline{C_\mathrm{p}}(T_2 - T_1) = \overline{C_\mathrm{p}}\, \Delta T \tag{6.10}$$

6.2.3 潜熱

沸騰している水を加熱しても温度は変化しない．これは熱が温度の上昇には使われず，水(液体)が水蒸気(気体)になる**相変化**(phase-change)のために使われるからである．このような熱を**潜熱**(latent heat)という．潜熱は相変化によるエンタルピー変化であり，それぞれの物質が固有の値をもち，温度によって変化する．

固体の状態から温度を上げて気体にするような相変化を伴うエンタルピー変化は顕熱と潜熱との和で表される．たとえば固体，液体，気体の定圧モル熱容

> **one rank up !**
> **相の変化**
> 温度，圧力などが変化することによって，一つの相から他の相に移ること．相転移ともいわれる．たとえば，大気圧下で100℃の水(液体)を加熱すると水蒸気(気体)に相が移り，0℃の水を冷却すると氷(固体)に相が移る．

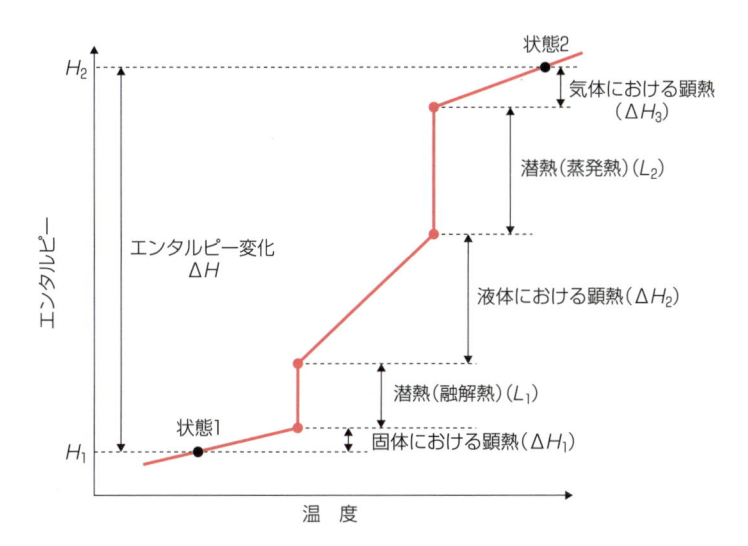

図 6.2　エンタルピー変化の模式図

量をそれぞれ，C_{ps} [J·mol^{-1}·K^{-1}]，C_{pl} [J·mol^{-1}·K^{-1}]，C_{pg} [J·mol^{-1}·K^{-1}]，溶解熱を L_1 [J·mol^{-1}]，蒸発熱を L_2 [J·mol^{-1}] とすると，1 mol の物質を固体のある温度から気体のある温度にしたときのエンタルピー変化は次式で計算できる．また，エンタルピー変化の模式図を図 6.2 に示した．

$$\Delta H = \int C_{ps}\, dT + L_1 + \int C_{pl}\, dT + L_2 + \int C_{pg}\, dT \tag{6.11}$$

例題 6.1 36.0 g の $-10\,°\mathrm{C}$ の氷が $120\,°\mathrm{C}$ の過熱水蒸気になるときのエンタルピー変化を求めよ．なお，氷，水，水蒸気の定圧モル熱容量は，温度によらず一定で，それぞれ 36.4 J·mol^{-1}·K^{-1}，75.3 J·mol^{-1}·K^{-1}，33.6 J·mol^{-1}·K^{-1} と考えてよいとする．また，$0\,°\mathrm{C}$ における融解熱を 6.01 kJ·mol^{-1}，$100\,°\mathrm{C}$ における蒸発熱を 40.6 kJ·mol^{-1} とする．

【解答】 $-10\,°\mathrm{C}$ から $120\,°\mathrm{C}$ の昇温の過程を次のような段階に分けて考える．

① $-10\,°\mathrm{C}$ の氷から $0\,°\mathrm{C}$ の氷（顕熱）
② $0\,°\mathrm{C}$ の氷から $0\,°\mathrm{C}$ の水（潜熱）
③ $0\,°\mathrm{C}$ の水から $100\,°\mathrm{C}$ の水（顕熱）
④ $100\,°\mathrm{C}$ の水から $100\,°\mathrm{C}$ の水蒸気（潜熱）
⑤ $100\,°\mathrm{C}$ の水蒸気から $120\,°\mathrm{C}$ の水蒸気（顕熱）

1 mol の氷について計算を進める．
①氷のモル熱容量が 36.4 J·mol^{-1}·K^{-1} で温度によらず一定なので，このステップでの顕熱 $\Delta H_1 = 36.4\,\{0-(-10)\} = 364$ J
②固体から液体への相変化に伴うエンタルピー変化 $L_1 = 6010$ J
③水のモル熱容量が 75.3 J·mol^{-1}·K^{-1} で温度によらず一定なので，このステップでの顕熱 $\Delta H_2 = 75.3\,(100-0) = 7530$ J
④液体から気体への相変化に伴うエンタルピー変化 $L_2 = 40600$ J
⑤水のモル熱容量が 33.6 J·mol^{-1}·K^{-1} で温度によらず一定なので，このステップでの顕熱 $\Delta H_3 = 33.6\,(120-100) = 672$ J

よって，1 mol の $-10\,°\mathrm{C}$ の氷が $120\,°\mathrm{C}$ の過熱水蒸気になったときのエンタルピー変化は

$$\Delta H_1 + L_1 + \Delta H_2 + L_2 + \Delta H_3$$
$$= 364 + 6010 + 7530 + 40600 + 672 = 55176\text{ J}$$

氷 36.0 g は 2.00 mol なので，求めるエンタルピー変化は

$$\Delta H = 2.00 \times 55176 = 110352\text{ J} = 110\text{ kJ}$$

6.2.4 化学反応を含む場合のエンタルピー変化

化学反応を含む場合には，反応によるエンタルピー変化(反応熱)を考慮する必要がある．

次のような化学反応について考える．

$$A + \frac{b}{a}B \longrightarrow \frac{c}{a}C + \frac{d}{a}D \tag{6.12}$$

この反応の反応熱 ΔH_R は，温度 T，圧力 P の状態で 1 mol の A と b/a [mol] の B が完全に反応して c/a [mol] の C と d/a [mol] の D が生成するときのエンタルピー変化である．$\Delta H_R < 0$ のときは発熱反応，$\Delta H_R > 0$ のときは吸熱反応である．

この反応熱は温度，圧力によって変化する．そこで，基準となる反応熱を圧力 0.1013 MPa($= 1$ atm)，温度 298 K($= 25$ ℃)のときの反応熱とし，これを**標準反応熱**(standard heat of reaction) ΔH_R^0 という．標準反応熱 ΔH_R^0 は各成分の**標準生成熱**(standard heat of formation) ΔH_f^0 を用いて，次式で計算できる．

$$\Delta H_R^0 = \left(\frac{c}{a}\Delta H_{f,C}^0 + \frac{d}{a}\Delta H_{f,D}^0\right) - \left(\Delta H_{f,A}^0 + \frac{b}{a}\Delta H_{f,B}^0\right) \tag{6.13}$$

この反応熱は A が 1 mol 反応した場合の反応熱である．

次の例題を通して具体的に反応によるエンタルピー変化について考える．

例題 6.2 次に示す反応を流通式反応器を用いて行った(図 6.3)．

$$SO_2 + \frac{1}{2}O_2 \longrightarrow SO_3 \qquad \text{①}$$

反応器に SO_2 を 10.0 mol·h^{-1}，空気を 90.0 mol·h^{-1} (酸素：18.9 mol·h^{-1}，窒素：71.1 mol·h^{-1})で供給すると，出口では SO_2 の 80% が反応した生成物が得られた．反応器入口での温度は 400 ℃，出口での温度は 450 ℃ であった．このときの反応器出口，入口でのエンタルピー変化を求めよ．

なお SO_2，酸素，SO_3，窒素の平均モル熱容量はそれぞれ，46.4 J·mol^{-1}·K^{-1}，31.3 J·mol^{-1}·K^{-1}，65.0 J·mol^{-1}·K^{-1}，29.9 J·mol^{-1}·K^{-1} である．また，式①の標準反応熱 $\Delta H_R^0 = -98.2$ kJ·mol^{-1} である．

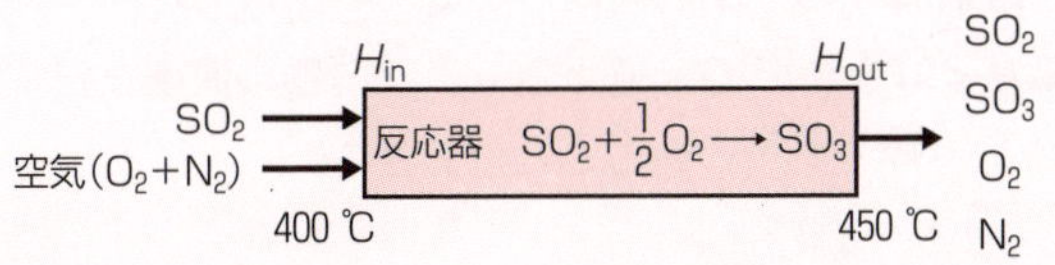

図 6.3 流通反応器

> **one rank up!**
>
> **標準生成熱**
> 物質 A の標準生成熱 $\Delta H_{f,A}^0$ は物質 A が元素から生成するときのエンタルピー変化である．通常は A を構成する元素と生成物がともに 101.3 kPa，298.2 K の条件にあるとして計算された仮想的なエンタルピー変化である．なお，標準生成熱の値は，物理化学や化学熱力学の教科書に載っている．
>
> **標準状態**
> 熱力学では標準状態として圧力が 1 atm($= 1.01325 \times 10^5$ Pa)とするのが慣例である．温度については，決まっていないが 0 ℃ あるいは 25 ℃ がよく用いられる．1982 年以降は圧力として 1 atm ではなく 10^5 Pa が採用されるようになったが，1 atm $= 1.01325 \times 10^5$ Pa なので 1 atm と 10^5 Pa の差は非常に小さい．また，すでに 1 atm，25 ℃ における熱力学的データが多く蓄積されていることから，本書では 1 atm，25 ℃ を標準状態とする．

> **one rank up !**
> **流通式反応器**
> 反応器入口に原料を連続的に供給し，反応によって生成した生成物を反応器出口から連続的に取り出す反応器．

【解答】　まず，出口の各成分の流量を求める．SO_2 の 80% が反応したので，SO_2 は $10.0 \times 0.8 = 8.0 \, \mathrm{mol \cdot h^{-1}}$ が反応により消費された．量論関係から酸素は $4.0 \, \mathrm{mol \cdot h^{-1}}$ が反応により消費され，SO_3 は $8.0 \, \mathrm{mol \cdot h^{-1}}$ 生成した．窒素は反応による増減はない．よって，出口の流量は，$SO_2: 2.0 \, \mathrm{mol \cdot h^{-1}}$，酸素：$14.9 \, \mathrm{mol \cdot h^{-1}}$，$SO_3: 8.0 \, \mathrm{mol \cdot h^{-1}}$，窒素：$71.1 \, \mathrm{mol \cdot h^{-1}}$ となる．

この問題はヘスの法則，つまり「エンタルピー変化は途中の経路に関係なく，はじめと終わりの状態のみで決まる」という法則を用いて考える．

この反応を次の三段階の経路に分けて考える（図 6.4）．

① 入口の組成を変えずに温度を 400 ℃ から 25 ℃ (標準状態) に下げる．
② 25 ℃ (標準状態) で反応させる．
③ 生成物の組成を変えずに温度を 25 ℃ から 450 ℃ まで上げる．

① ～ ③ におけるエンタルピー変化をそれぞれ ΔH_1, ΔH_2, ΔH_3 とする．ヘスの法則より，反応器入口，出口のエンタルピー変化は，$\Delta H = \Delta H_1 + \Delta H_2 + \Delta H_3$ となる．

《ステップ①におけるエンタルピー変化》

$$\Delta H_1 = (10.0)(46.4)(25-400) + (18.9)(31.3)(25-400) + (71.1)(29.9)(25-400) = -1193000 \, \mathrm{J \cdot h^{-1}} = -1193 \, \mathrm{kJ \cdot h^{-1}}$$

《ステップ②におけるエンタルピー変化》

標準状態における反応なので，SO_2 が 8.0 mol 反応する

$$\Delta H_2 = (8.0) \Delta H_R^0 = -786 \, \mathrm{kJ \cdot h^{-1}}$$

《ステップ③におけるエンタルピー変化》

$$\Delta H_3 = (2.0)(46.4)(450-25) + (14.9)(31.3)(450-25) \\ + (8.0)(65.0)(450-25) + (71.1)(29.9)(450-25) \\ = 1362000 \, \mathrm{J \cdot h^{-1}} = 1362 \, \mathrm{kJ \cdot h^{-1}}$$

よって，この反応によるエンタルピー変化は

$$\Delta H = -1193 - 786 + 1362 = -617 \, \mathrm{kJ \cdot h^{-1}}$$

定常状態の熱収支式より　　$H_\mathrm{in} - H_\mathrm{out} + Q = 0$

ここで，$\Delta H = H_\mathrm{out} - H_\mathrm{in}$ だから，$\Delta H = Q$ となる．

この例題の場合，$\Delta H < 0$ なので $Q < 0$ となり，反応器の温度を定常状態に保つためには熱を取り除く必要があることがわかる．

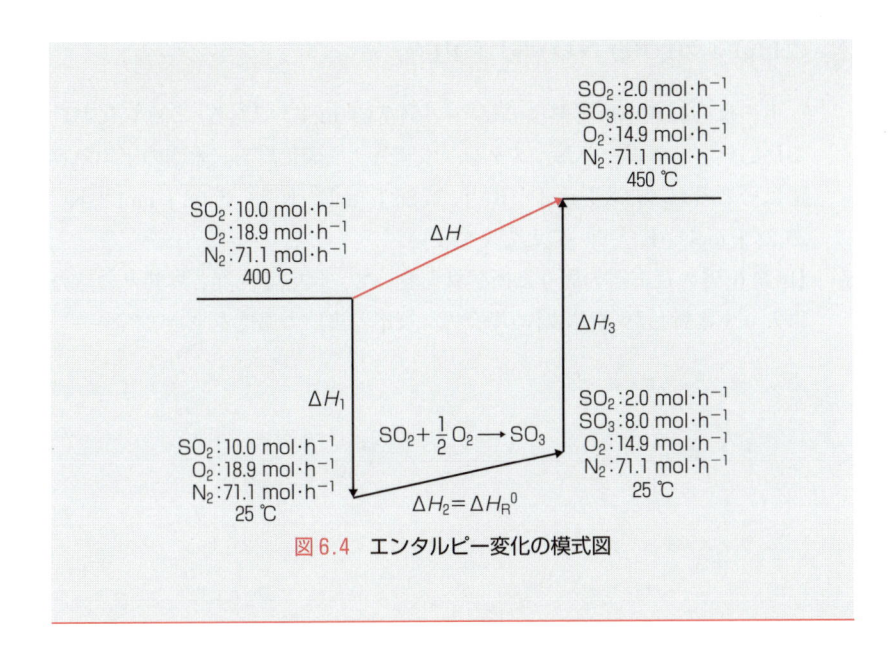

図6.4 エンタルピー変化の模式図

章末問題

1] プロパンの定圧モル熱容量は次式で表される．

$$C_p = 10.083 + 239.304 \times 10^{-3} T - 73.358 \times 10^{-6} T^2 \, [\text{J} \cdot \text{mol}^{-1} \cdot \text{K}^{-1}]$$

一定圧力の下で 2.00 mol のプロパンを 25 ℃ から 300 ℃ まで加熱するために必要な熱量を求めよ．

2] 0 ℃ と 100 ℃ の間では，水の熱容量 75.44 J·mol^{-1}·K^{-1}，および水蒸気の熱容量 33.54 J·mol^{-1}·K^{-1} は温度によらず一定であると考えてよい．また，沸点(100 ℃)における蒸発熱は 40.66 kJ·mol^{-1} である．
(1) 0 ℃ の水を基準とした 30 ℃ における水蒸気のエンタルピーを求めよ．
(2) 30 ℃ における水の蒸発熱を求めよ．

3] 図 6.5 に示すように 200 kg·h^{-1} で流れている 30 ℃ の水を 80 ℃ まで，熱交換器を用いて大気圧下 100 ℃ の水蒸気で加熱する．なお，水蒸気は 100 ℃ の水として熱交換器から排出される．必要な水蒸気の流量(S [kg·h^{-1}])を求めよ．ただし，水の熱容量は温度によらず 4.18 kJ·kg^{-1}·K^{-1} で一定，100 ℃ の水蒸気の凝縮熱は 2260 kJ·kg^{-1} とする．

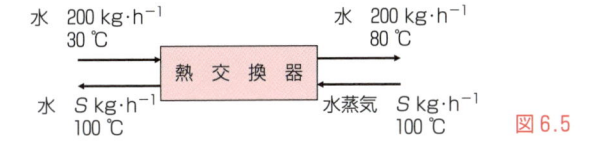

図 6.5

4) $CH_4(g) + 2H_2O(g) \rightarrow CO_2(g) + 4H_2(g)$

上の反応の標準反応熱は $\Delta H_R^0 = 164.7\,\text{kJ}\cdot\text{mol}^{-1}$ である．500℃における反応熱を求めよ．なお，メタン，水蒸気，二酸化炭素，水素の平均熱容量はそれぞれ 49.08 $\text{J}\cdot\text{mol}^{-1}\cdot\text{K}^{-1}$，35.86 $\text{J}\cdot\text{mol}^{-1}\cdot\text{K}^{-1}$，45.02 $\text{J}\cdot\text{mol}^{-1}\cdot\text{K}^{-1}$，29.23 $\text{J}\cdot\text{mol}^{-1}\cdot\text{K}^{-1}$ で一定と考えてよい．

5) 【例題 6.2】の反応器の周りに断熱材を巻いて，反応器内部と外部との熱の出入りを遮断した（断熱操作）場合の，反応器出口の温度を求めよ．

第7章 反応と反応器の種類，反応速度の表し方

【この章の概要】

化学プロセスにおいて，化学反応は最も重要な操作である．ある化学反応で物質を生産するとき「反応温度はどれぐらいにするか」，「どれだけの時間反応させるか」，「反応器の大きさをどれぐらいにするか」などを決める必要がある．つまり目的に応じて，化学反応を経済的に，効率よく，安全に操作することが重要となる．反応工学は反応速度の決定をはじめ，反応器の選定，設計，操作に必要な事項を体系化した学問である．

この章では，まず反応速度の表し方を説明し，続いて反応速度と反応率との関係について解説する．

7.1 反応の種類

化学反応には非常に多くの種類があり，分類方法もいろいろある．本書では，次のように分類する．

7.1.1 単一反応と複合反応

量論式が一つだけの場合を**単一反応**(single reaction)といい，複数のときを**複合反応**(multiple reaction)という(図7.1)．さらに複合反応には，**並列反応**(parallel reaction)，**逐次反応**(consecutive reaction)，**逐次・並列反応**(consecutive-parallel reaction)がある．

7.1.2 均一反応と不均一反応

反応が一つの相(気相など)で均質に起こっている場合を**均一反応**(homogeneous reaction)，二つ以上の相が関係する場合を**不均一反応**(heterogeneous reaction)という．

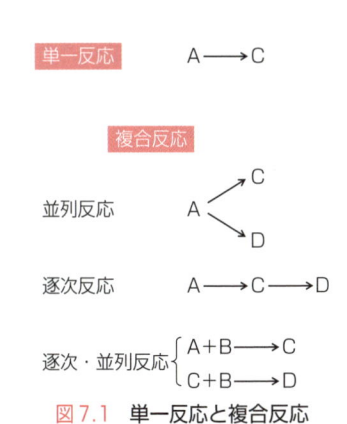

単一反応 A ⟶ C

複合反応

並列反応 A ⟶ C, D

逐次反応 A ⟶ C ⟶ D

逐次・並列反応 { A+B ⟶ C ; C+B ⟶ D }

図7.1 単一反応と複合反応

表7.1 均一反応，不均一反応の例

反応の分類		反 応 例
均一反応	気相反応	ナフサの熱分解反応，炭化水素の合成
	液相反応	エステル化反応，塊状重合反応
不均一反応	気固触媒反応	アンモニア合成反応，エチレン酸化反応，石油の接触分解反応
	気固反応	石炭，バイオマスの燃焼，ガス化，鉄鉱石の還元反応
	気液反応	炭化水素の塩素化と酸化反応，反応吸収
	気液固触媒反応	油脂の水素添加反応，重油の脱硫反応
	液液反応	スルホン化反応，乳化重合反応
	液固反応	イオン交換反応，固定化酵素反応
	固固反応	セメントの製造，セラミックスの製造

固体触媒が関係する反応は不均一反応となる．また，工業的には不均一反応が多い．表7.1に均一反応，不均一反応の例についてまとめた．

7.2 反応器の操作法

☞ one rank up !
反応器
化学物質を製造するために化学反応を行わせるための装置．反応器には操作方法や形状によりさまざまな種類があり，それらの中から目的に応じて選択する．

反応器の操作方法は，**回分操作**(batch operation)，**連続操作**(continuous operation，流通操作ともいう)，**半回分操作**(semi-batch operation)の三つに大きく分類される．

反応器の分類について表7.2にまとめた．

表7.2 反応器の分類

模式図				
操作法	回分操作	連続操作	半回分操作	連続操作
形状	槽型反応器			管型反応器
混合状態	完全混合 反応器内均一濃度	完全混合流れ 反応器内均一濃度	完全混合 反応器内均一濃度	押し出し流れ 軸方向に濃度分布
反応器	回分反応器(BR)	連続槽型反応器(CSTR)	半回分反応器	管型反応器(PFR)

7.2.1 回分操作

原料を反応器にすべて仕込んで反応を開始し，所定の時間が経過後，反応生成物を取り出す操作法．多品種少量生産や発酵操作に適している．

7.2.2 連続操作（流通操作）

原料を反応器入口から連続的に供給して反応をさせ，出口から反応生成物を連続的に取り出す操作法．大量生産に向いている．

7.2.3 半回分操作

二成分を反応させる場合，一方の成分をあらかじめ反応器に仕込んでおき，もう一方の成分を連続的に供給させながら反応させる操作法．

7.3 反応器の形状

反応器は形状により，**槽型反応器**（tank reactor）と**管型反応器**（tube reactor）に分けられる．

7.3.1 槽型反応器

槽型反応器とは，槽の形をした反応器であり，反応器内には撹拌翼があり，反応流体は十分に混合されていて，濃度，温度は反応器内のどの点でも同じとみなされる．

槽型反応器は操作方法によって三つに分類できる．回分操作に用いる場合は**回分反応器**（BR：Batch Reactor），半回分操作に用いる場合は**半回分反応器**（semi-batch reactor）と呼ぶ．また，連続操作（流通操作）に用いる場合は**連続槽型反応器**（CSTR：Continuous Stirred Tank Reactor）と呼ぶ．

CSTRに供給された原料流体はすぐに反応器内に一様に分散され反応が進む．そして，反応器内の濃度と温度が等しい状態で，反応生成物が反応器から連続的に取り出される．このような流れを**完全混合流れ**（perfectly mixed flow あるいは mixed flow）という．このとき，反応器内の原料成分 A の濃度分布を CSTR が 1 槽の場合（図 7.2a）と 4 槽直列につないだ場合（図 7.2b）について図示した．

7.3.2 管型反応器

管型反応器では，管断面で見ると物質は混合されており，温度，濃度は均一である．しかし，反応流体が流れる方向（軸方向）には混合されない．この流れを**押し出し流れ**（piston flow あるいは plug flow）という（ところてんを押し出す場面を想像してほしい）．そしてこの反応器を**管型反応器**（押し出し流れ反応

☞ **one rank up !**

発 酵

発酵とは広い意味で微生物を利用して食品や化学物質を作ることである．この発酵を工業的に行うためには，発酵を行う装置（反応器）と生成物を分離，精製する分離装置が必要である．また，発酵によって生じる廃棄物を環境に放出しても安全なように処理する装置も必要である．これらの装置の設計やプロセスの開発には化学工学の知識が必要となる．

(a)　　　　　　　　　　(b)　　　　　　　　　　(c)

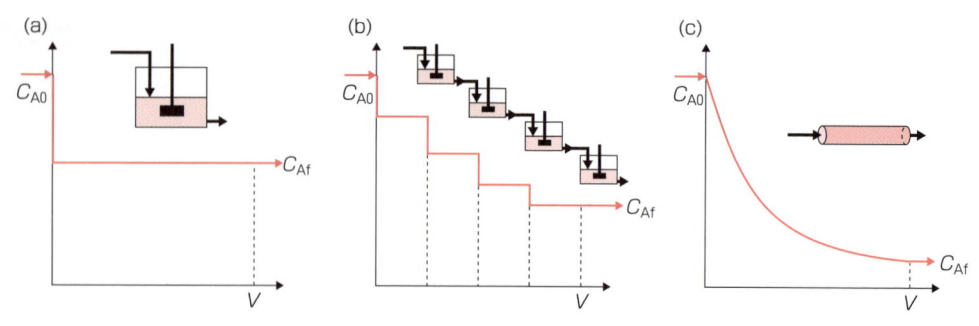

図 7.2　流通反応器内の原料成分 A の濃度分布

器，PFR：Piston Flow Reactor）という．このときの反応器内の原料成分 A の濃度分布は図 7.2（c）に示すようになる．

以下，この章では回分反応器(BR)，連続槽型反応器(CSTR)，管型反応器(PFR)の設計方法について述べる．

7.4　反応速度

7.4.1　反応速度の定義

　反応速度(reaction rate)とは，反応が進む速さを表す．反応混合物単位体積あたり，単位時間あたりの物質量の変化である．たとえば，次のような反応を考える．

$$a\mathrm{A} + b\mathrm{B} \longrightarrow c\mathrm{C} + d\mathrm{D} \tag{7.1}$$

量論関係から，A が単位体積（$1\,\mathrm{m}^3$）あたり，単位時間（$1\,\mathrm{s}$）あたりに a [mol] が反応によって消費されると，B は b [mol] 消費され，C が c [mol]，D が d [mol] 生成する．よって，それぞれの反応速度を r_A, r_B, r_C, r_D とすると，次の式(7.2a)～(7.2d)が導ける．

$$r_\mathrm{A} = -a \, [\mathrm{mol \cdot m^{-3} \cdot s^{-1}}] \tag{7.2a}$$
$$r_\mathrm{B} = -b \, [\mathrm{mol \cdot m^{-3} \cdot s^{-1}}] \tag{7.2b}$$
$$r_\mathrm{C} = c \, [\mathrm{mol \cdot m^{-3} \cdot s^{-1}}] \tag{7.2c}$$
$$r_\mathrm{D} = d \, [\mathrm{mol \cdot m^{-3} \cdot s^{-1}}] \tag{7.2d}$$

A，B は反応の進行とともに物質量が減少するので，その反応速度は負の値となる．

　このように各成分の量論係数が異なると，一つの量論式にもかかわらず，反応速度の値が成分によって異なることになる．そこで，この量論式に対する反応速度 r を次のように定義する．

$$r = \frac{r_A}{-a} = \frac{r_B}{-b} = \frac{r_C}{c} = \frac{r_D}{d} \tag{7.3}$$

各成分の反応速度を各成分の量論係数で割った値はすべて等しくなり，これをこの量論式に対する反応速度 r と定義するわけである．このとき，原料成分（反応によって消費される成分 A，B）の反応速度は負の値となるので量論係数に負符号をつける．

逆に，各成分の反応速度（$r_A \sim r_D$）は量論式に対する反応速度 r を用いて以下のように表される．

$$r_A = -a \cdot r \; [\mathrm{mol \cdot m^{-3} \cdot s^{-1}}] \tag{7.4a}$$
$$r_B = -b \cdot r \; [\mathrm{mol \cdot m^{-3} \cdot s^{-1}}] \tag{7.4b}$$
$$r_C = c \cdot r \; [\mathrm{mol \cdot m^{-3} \cdot s^{-1}}] \tag{7.4c}$$
$$r_D = d \cdot r \; [\mathrm{mol \cdot m^{-3} \cdot s^{-1}}] \tag{7.4d}$$

このように反応速度には，成分に着目した反応速度と，量論式に対する反応速度の2種類がある．

7.4.2 複合反応の反応速度

単一反応の場合の反応速度の定義は前述の通りである．複合反応の場合，つまり二つ以上の量論式で表される場合の反応速度について考える．ここでは，以下に示すような複合反応を例にしてみよう．

$$A + B \longrightarrow 2P \tag{7.5}$$
$$2A + P \longrightarrow S \tag{7.6}$$

複合反応の場合も，各成分に注目した反応速度と量論式に対する反応速度の2種類を考える．複合反応の場合，量論式に対する反応速度が量論式の数だけあり，各成分の反応速度はそれぞれの量論式について表された各成分の速度の和になる．以下，具体的に説明する．

式(7.5)の量論式に対する反応速度を r_1，式(7.6)の量論式に対する反応速度を r_2 とする．まず，A の反応速度 r_A について考える．量論式(7.5)での A の反応速度を r_{A1} とすると，$r_{A1} = -r_1$ である．量論式(7.6)での A の反応速度を r_{A2} とすると，$r_{A2} = -2r_2$ である．よって A の反応速度 r_A は，量論式(7.5)と(7.6)での A の反応速度の和，すなわち $r_A = r_{A1} + r_{A2} = -r_1 - 2r_2$ となる．B は量論式(7.6)には現れないので，量論式(7.5)に対する反応速度が B の反応速度となり，$r_B = -r_1$ となる．P，S についても同様であり，$r_P = 2r_1 - r_2$，$r_S = r_2$ となる．

> **例題 7.1** 次のような複合反応を考える．
>
> $$A + 2B \longrightarrow C \qquad ①$$
> $$A + C \longrightarrow D \qquad ②$$
>
> ①の量論式に対する反応速度 $r_1 = 10.0 \text{ mol·m}^{-3}\text{·s}^{-1}$，②の量論式に対する反応速度 $r_2 = 5.00 \text{ mol·m}^{-3}\text{·s}^{-1}$ のとき，各成分 A～D の反応速度を求めよ．
>
> 【解答】 $r_A = -r_1 - r_2 = -15.0 \text{ mol·m}^{-3}\text{·s}^{-1}$
> $r_B = -2r_1 = -20.0 \text{ mol·m}^{-3}\text{·s}^{-1}$
> $r_C = r_1 - r_2 = 10 - 5 = 5.00 \text{ mol·m}^{-3}\text{·s}^{-1}$
> $r_D = r_2 = 5.00 \text{ mol·m}^{-3}\text{·s}^{-1}$

7.4.3 反応速度式

前項までは，各成分の反応速度と量論式に対する反応速度の関係を示した（式 7.3）．本項では，この量論式に対する反応速度 r がどのように式で表されるかについて学ぶ．

反応速度 r は，一般に反応成分の濃度（C_A, C_B, …），温度，触媒濃度などの関数として表される．この反応速度式は次のように濃度のべき数の積として表される場合が多い．

$$r = k C_A^m C_B^n \tag{7.7}$$

式(7.7)の場合，成分 A について m 次，成分 B について n 次，全体で $(m+n)$ 次の反応であるという．比例定数にあたる k は**反応速度定数**（reaction rate constant）と呼ばれ，式(7.8)のように温度の関数として表される．

$$k = k_0 \, e^{-\frac{E}{RT}} \tag{7.8}$$

この式(7.8)は**アレニウスの式**（Arrhenius equation）と呼ばれる．ここで，k_0 は頻度因子，E は活性化エネルギー，R は気体定数である．

この式の両辺の自然対数をとると，次式になる．

$$\ln k = \ln k_0 - \frac{E}{R} \times \frac{1}{T} \tag{7.9}$$

この式で，温度を変えて反応速度定数 k を求め（k の求め方については第 9 章で述べる），横軸に $1/T$，縦軸に $\ln k$ をとってプロットすると直線が得られる．その傾きが $-E/R$ となり，活性化エネルギーの値 E が求められる．得られた直線上の 1 点（$T = T_1$）の縦軸の値（$\ln k_1$）を読み取ると，E の値はすでに直線の傾きから求められているので，式(7.9)に代入して k_0 の値が求められる．

☞ **one rank up!**
反応次数
反応次数は量論式とは無関係な値であり，反応速度を測定し，その温度依存性から実験的に求めなければならない．

☞ **one rank up!**
反応速度式が複雑な理由
反応の進行過程は見かけの量論式とは異なり，いくつかの素反応からなる複雑な経路をたどる場合が多い．そのため，反応次数が見かけの量論式から予測される反応次数と異なったり，反応速度式が分数式になったり複雑になる．

あるいは，エクセルなどのソフトを用いて最小二乗法によって傾きと切片を求めると，切片の値($\ln k_0$)からk_0の値が求められる．

> **例題 7.2** 温度を変えて反応速度定数を測定したところ，表7.3のような結果が得られた．頻度因子と活性化エネルギーを求めよ．
>
> 表7.3 反応温度と反応速度定数との関係
>
> | T[℃] | 40 | 46 | 50 | 55 | 60 |
> |---|---|---|---|---|---|
> | k[s^{-1}] | 4.30×10^{-4} | 1.03×10^{-3} | 1.80×10^{-3} | 3.55×10^{-3} | 7.17×10^{-3} |
>
> 【解答】 式(7.9)からもわかるように，x軸に$1/T$，y軸に反応速度定数の自然対数をプロットすると傾きが$-E/R$の直線が得られる．このとき，温度Tがケルビン温度であることに注意する．
>
> 表7.4 反応温度と反応速度定数との関係
>
> | T[℃] | 40 | 46 | 50 | 55 | 60 |
> |---|---|---|---|---|---|
> | k[s^{-1}] | 4.30×10^{-4} | 1.03×10^{-3} | 1.80×10^{-3} | 3.55×10^{-3} | 7.17×10^{-3} |
> | $1/T$[K^{-1}] | 3.19×10^{-3} | 3.13×10^{-3} | 3.10×10^{-3} | 3.05×10^{-3} | 3.00×10^{-3} |
> | $\ln k$ | -7.75 | -6.88 | -6.32 | -5.64 | -4.94 |
>
> $1/T$と$\ln k$のプロットを図7.3に示した．傾き-14600 K，切片38.9が求まる．傾きが$-E/R$だから，活性化エネルギーは
>
> $$E = (8.314)(14600) = 121000 \text{ J·mol}^{-1} = 121 \text{ kJ·mol}^{-1}$$
>
> 頻度因子は，$\ln k_0 = 38.9$ より　　$k_0 = e^{38.9} = 7.84 \times 10^{16}$ s^{-1}
>
> 図7.3 アレニウスの式のグラフ
> （傾き -14600 K　切片 38.9）

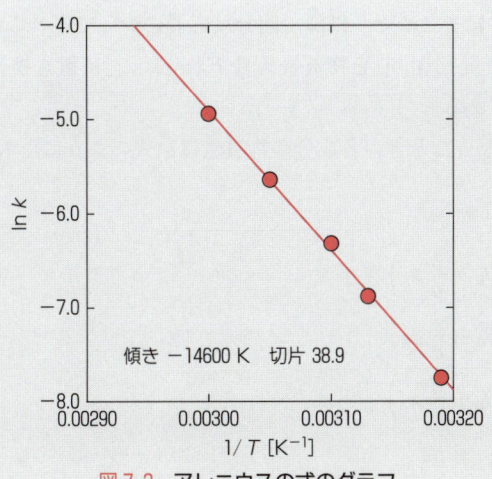

☞ **one rank up !**

log と ln

数学では自然対数を$\log x$と表現するが，常用対数を$\log_{10} x$と紛らわしい．そのため，工学では自然対数を$\ln x$，常用対数を$\log x$と表現する．

☞ **one rank up !**

exp

アレニウス式には指数関数e^xが含まれる．指数(xの部分)が複雑な式になると見にくくなる．そこで，eの代わりにexpを用いて，指数の部分を( )の中に書く．$e^x = \exp(x)$となる．これを用いれば，アレニウス式は$k_0\exp(-E/RT)$のように書ける．

7.5 物質量と反応率

次のような単一反応の量論関係について考える.

$$aA + bB \longrightarrow cC + dD \tag{7.10}$$

この反応で，Aが限定成分だとする．Aの量論係数が1になるように式(7.10)の両辺をaで割って書き換えると

$$A + \frac{b}{a}B \longrightarrow \frac{c}{a}C + \frac{d}{a}D \tag{7.11}$$

反応の進み具合を表す指標として，限定成分Aの反応率を用いる．

回分反応器(BR)の場合，反応開始時に反応器内にあるAの物質量をn_{A0} [mol]とし，時刻tにおける反応器内のAの物質量をn_A [mol]とするとAの反応率x_Aは次式で定義される．

$$x_A = \frac{\text{反応によって消費されたAの物質量}}{\text{反応開始時に反応器内にあるAの物質量}} = \frac{n_{A0} - n_A}{n_{A0}} \tag{7.12}$$

流通反応器(CSTR，PFR)の場合は，反応器入口でのAの物質量流量をF_{A0} [mol·s^{-1}]とし，反応器内でのある位置におけるAの物質量流量をF_A [mol·s^{-1}]とすると，Aの反応率x_Aは次式で定義される．

$$x_A = \frac{\text{単位時間あたり反応によって消費されたAの物質量}}{\text{反応器入口におけるAの物質量流量}} = \frac{F_{A0} - F_A}{F_{A0}} \tag{7.13}$$

回分反応器において，反応率x_Aのとき，各成分の物質量がどのように表されるかを表7.5にまとめた．以降，回分反応器について述べるが，流通反応器の場合には物質量n [mol]を物質量流量F [mol·s^{-1}]に置き換えるだけで，本質的には同じである．

反応率x_Aとなったときの各成分の物質量は次式のようになる．

$$n_A = n_{A0}(1 - x_A) \tag{7.14a}$$

$$n_B = n_{A0}\left(\theta_B - \frac{b}{a}x_A\right) \tag{7.14b}$$

$$n_C = n_{A0}\left(\theta_C + \frac{c}{a}x_A\right) \tag{7.14c}$$

$$n_D = n_{A0}\left(\theta_D + \frac{d}{a}x_A\right) \tag{7.14d}$$

$$n_I = n_{A0}\theta_I \tag{7.14e}$$

7.5 物質量と反応率

表7.5 反応率 x_A のときの各成分の物質量

	反応開始時	反応による増減	反応終了時
A	n_{A0}	$-n_{A0}x_A$	$n_{A0}(1-x_A)$
B	n_{B0}	$-\dfrac{b}{a}n_{A0}x_A$	$n_{B0}-\dfrac{b}{a}n_{A0}x_A = n_{A0}\left(\theta_B-\dfrac{b}{a}x_A\right)$
C	n_{C0}	$\dfrac{c}{a}n_{A0}x_A$	$n_{C0}+\dfrac{c}{a}n_{A0}x_A = n_{A0}\left(\theta_C+\dfrac{c}{a}x_A\right)$
D	n_{D0}	$\dfrac{d}{a}n_{A0}x_A$	$n_{D0}+\dfrac{d}{a}n_{A0}x_A = n_{A0}\left(\theta_D+\dfrac{d}{a}x_A\right)$
I	n_{I0}	± 0	$n_{I0}=n_{A0}\theta_I$
合計	$n_{T0}=n_{A0}+n_{B0}+n_{C0}+n_{D0}+n_{I0}$		$n_T = n_{A0}+n_{B0}+n_{C0}+n_{D0}+n_{I0}$ $+\left(\dfrac{-a-b+c+d}{a}\right)n_{A0}x_A$ $=n_{T0}+\left(\dfrac{-a-b+c+d}{a}\right)n_{A0}x_A$

ただし，I は不活性成分(inert の頭文字)であり，$\theta_B=n_{B0}/n_{A0}$，$\theta_C=n_{C0}/n_{A0}$，$\theta_D=n_{D0}/n_{A0}$，$\theta_I=n_{I0}/n_{A0}$ である．このように，限定成分 A の反応率 x_A を用いて，他の成分の物質量(流通操作の場合は物質量流量)を表すことができる．

表中にも示すように，反応開始時の全物質量を n_{T0}，時刻 t のときの全物質量を n_T とすると

$$n_T = n_{T0}+\left(\dfrac{-a-b+c+d}{a}\right)n_{A0}x_A \tag{7.15}$$

ここで，$\delta_A = \dfrac{-a-b+c+d}{a}$ とすると

$$n_T = n_{T0}+\delta_A n_{A0}x_A = n_{T0}\left(1+\delta_A\dfrac{n_{A0}}{n_{T0}}x_A\right) \tag{7.16}$$

n_{A0}/n_{T0} は原料中の A のモル分率なので，これを y_{A0} とすると

$$n_T = n_{T0}(1+\delta_A y_{A0} x_A) \tag{7.17}$$

となる．さらに $\varepsilon_A = \delta_A y_{A0}$ とおくと

$$n_T = n_{T0}(1+\varepsilon_A x_A) \tag{7.18}$$

ただし，$\varepsilon_A=\delta_A y_{A0}$，$\delta_A=(-a-b+c+d)/a$，$y_{A0}$ は原料中の A のモル分率である．この式は，反応混合物の総物質量は反応率 x_A になったとき，反応開始時の $(1+\varepsilon_A x_A)$ 倍になることを表している．

☞ one rank up !

δ_A と ε_A の意味

δ_A は量論式(式7.10 あるいは式7.11)の反応が 100％進行したときの反応混合物の物質量あるいは容積の変化量を，成分 A の単位物質量あたりにした値である．ε_A は反応原料が 100％進行したときの反応生成物の体積増加率を表している．

7.6 濃度と反応率

前節では限定成分 A の反応率が x_A のとき，他の成分の物質量 n_i あるいは物質量流量 F_i が x_A を用いてどのように表されるかについて述べた．ここでは，このことを基に，各成分の濃度を x_A で表すことについて考える．そうすることによって，反応速度は濃度の関数なので，反応速度を x_A で表すことができる．

各成分の濃度 C_i は次式のように表される．

回分反応器(BR)の場合　　　$C_i = \dfrac{n_i}{V}$ 　　　　　(7.19a)

流通反応器(CSTR，PFR)の場合　　$C_i = \dfrac{F_i}{v}$ 　　　(7.19b)

ここで V は反応成分全体の体積[m³]，v は反応成分の体積流量[m³·s⁻¹]である．

7.6.1 定容系と非定容系

反応の進行に伴い反応混合物の体積(密度)が変化しない場合を**定容系** (constant volume system)という．液相反応は定容系と考えてよい．

気相反応の場合について考える．まず，流通反応器(CSTR，PFR)を用いる場合を取りあげる．反応器入口の総物質量流量を F_{T0} [mol·s⁻¹]，体積流量を v_0 [m³·s⁻¹]，圧力を P_0 [Pa]，温度を T_0 [K]とする．1秒間に反応器に供給される気体の体積は v_0 [m³]であり，総物質量は F_{T0} [mol]である．よって，この1秒間に供給された気体量について気体状態方程式を適用すると

$$P_0 v_0 = F_{T0} R T_0 \tag{7.20}$$

反応率が x_A となったときの反応混合物の総物質量流量を F_T [mol·s⁻¹]，体積流量を v [m³·s⁻¹]，圧力を P [Pa]，温度を T [K]とする．1秒間に流れる気体の体積は v [m³]であり，総物質量流量は F_T [mol·s⁻¹]なので，先と同様に状態方程式を適用して

$$Pv = F_T RT \tag{7.21}$$

式(7.20)，(7.21)より

$$\frac{v}{v_0} = \left(\frac{F_T}{F_{T0}}\right)\left(\frac{P_0}{P}\right)\left(\frac{T}{T_0}\right) \tag{7.22}$$

一般に，流通反応器では反応器内の圧力変化は無視できるので，圧力一定(定圧系)で反応が進むため，$P_0/P = 1$ である．また，反応器内が温度一定の場合は $T/T_0 = 1$ である．よって，これらの条件が当てはまる場合，式(7.22)は次のようになる．

$$\frac{v}{v_0} = \left(\frac{F_\mathrm{T}}{F_\mathrm{T0}}\right) \tag{7.23}$$

式(7.18)を流通反応器の場合に書き換えると

$$F_\mathrm{T} = F_\mathrm{T0}(1 + \varepsilon_\mathrm{A} x_\mathrm{A}) \tag{7.24}$$

式(7.23), (7.24)より

$$\frac{v}{v_0} = 1 + \varepsilon_\mathrm{A} x_\mathrm{A} \tag{7.25}$$

となる.つまり,反応率 x_A の時点で,反応混合物の体積流量が $(1 + \varepsilon_\mathrm{A} x_\mathrm{A})$ 倍になる.このように,流通反応器を用いた気相反応では,$\varepsilon_\mathrm{A} = 0$ の場合は反応の進行により反応混合物の体積流量が変化しない定容系であり,$\varepsilon_\mathrm{A} \neq 0$ の場合は体積流量が変化する**非定容系**(non-constant volume system)である.

次に,回分反応器(BR)を用いる場合について考える.回分反応器には反応中に反応器体積が変化しない定容系回分反応器と,反応器内の圧力が一定で反応が進行するように反応器体積が変化する定圧系回分反応器がある.定容系回分反応器の場合は $\varepsilon_\mathrm{A} \neq 0$ であっても定容系であるが,定圧系回分反応器の場合は流通反応器と同様に $\varepsilon_\mathrm{A} = 0$ なら定容系,$\varepsilon_\mathrm{A} \neq 0$ なら非定容系となる.しかし,定圧系回分反応器を用いることは非常にまれであるため,定容系回分反応器と考えてよい.

まとめると,圧力一定,温度一定で反応を行う場合,液相反応はすべて定容系である.気相反応は $\varepsilon_\mathrm{A} = 0$ となる場合(反応中,反応混合物の総物質量に変化がない場合)は定容系となる.定容系回分反応器を用いる場合も定容系である.それ以外は非定容系となる(表7.6).

表7.6 定容系と非定容系

	液相反応	気相反応	
		$\varepsilon_\mathrm{A} = 0$	$\varepsilon_\mathrm{A} \neq 0$
回分反応器(BR)	定容系	定容系	定容系
連続槽型反応器(CSTR)	定容系	定容系	非定容系
管型反応器(PFR)	定容系	定容系	非定容系

7.6.2 濃度と反応率

各成分の濃度と反応率との関係について考える.各成分の物質量は式(7.14a)〜(7.14e)で示される.また,濃度は式(7.19a), (7.19b)で表される.よって圧力一定,温度一定で反応が進行するとき,各成分の濃度は式(7.26a)〜

(7.26e) のようになる.

$$C_A = \frac{n_A}{V} = \frac{n_{A0}}{V}(1-x_A) \tag{7.26a}$$

$$C_B = \frac{n_B}{V} = \frac{n_{A0}}{V}\left(\theta_B - \frac{b}{a}x_A\right) \tag{7.26b}$$

$$C_C = \frac{n_C}{V} = \frac{n_{A0}}{V}\left(\theta_C + \frac{c}{a}x_A\right) \tag{7.26c}$$

$$C_D = \frac{n_D}{V} = \frac{n_{A0}}{V}\left(\theta_D + \frac{d}{a}x_A\right) \tag{7.26d}$$

$$C_I = \frac{n_I}{V} = \frac{n_{A0}}{V}\theta_I \tag{7.26e}$$

ここで,定容系なら $V = V_0$ なので, $n_{A0}/V = n_{A0}/V_0 = C_{A0}$ となる.非定容系なら $V = V_0(1+\varepsilon_A x_A)$ なので,$\dfrac{n_{A0}}{V} = \dfrac{n_{A0}}{V_0(1+\varepsilon_A x_A)} = \dfrac{C_{A0}}{1+\varepsilon_A x_A}$ となる.

以上より,各成分の濃度と反応率との関係をまとめると次のようになる.

《定容系の場合》

$$C_A = C_{A0}(1-x_A) \tag{7.27a}$$

$$C_B = C_{A0}\left(\theta_B - \frac{b}{a}x_A\right) \tag{7.27b}$$

$$C_C = C_{A0}\left(\theta_C + \frac{c}{a}x_A\right) \tag{7.27c}$$

$$C_D = C_{A0}\left(\theta_D + \frac{d}{a}x_A\right) \tag{7.27d}$$

$$C_I = C_{A0}\theta_I \tag{7.27e}$$

《非定容系の場合》

$$C_A = \frac{C_{A0}(1-x_A)}{1+\varepsilon_A x_A} \tag{7.28a}$$

$$C_B = \frac{C_{A0}\left(\theta_B - \frac{b}{a}x_A\right)}{1+\varepsilon_A x_A} \tag{7.28b}$$

$$C_C = \frac{C_{A0}\left(\theta_C + \frac{c}{a}x_A\right)}{1+\varepsilon_A x_A} \tag{7.28c}$$

$$C_D = \frac{C_{A0}\left(\theta_D + \frac{d}{a}x_A\right)}{1+\varepsilon_A x_A} \tag{7.28d}$$

$$C_I = \frac{C_{A0}\theta_I}{1+\varepsilon_A x_A} \tag{7.28e}$$

非定容系の濃度は,定容系の濃度を $(1+\varepsilon_A x_A)$ で割ったかたちになっている.

これで,各成分の濃度を反応率 x_A の関数として表すことができた.反応速

度は濃度の関数なので，これによって反応速度を反応率の関数として表すことができる．

例題 7.3 次に示すような液相反応を考える．

$$2A + B \longrightarrow C$$

この反応を管型反応器(PFR)で行う．反応器入口からは体積流量 $1.00 \times 10^{-3}\,\mathrm{m^3 \cdot s^{-1}}$ で原料が供給され，A の濃度が $10.0\,\mathrm{mol \cdot m^{-3}}$，B が $8.00\,\mathrm{mol \cdot m^{-3}}$，不活性物質 I が $2.00\,\mathrm{mol \cdot m^{-3}}$ であった．反応器出口における A の反応率が 80.0% だったとき，反応器出口における各成分の濃度 $[\mathrm{mol \cdot m^{-3}}]$ と物質量流量 $[\mathrm{mol \cdot s^{-1}}]$ を求めよ．

【解答】 液相反応なので定容系である．よって出口の各成分の濃度は式(3.27a)〜(3.27e)によって求めることができる．

$$C_A = C_{A0}(1 - x_A) = (10.0)(1 - 0.8) = 2.00\,\mathrm{mol \cdot m^{-3}}$$

$$C_B = C_{A0}\left(\theta_B - \frac{b}{a}x_A\right) = (10.0)\left\{\frac{8.00}{10.00} - \frac{1}{2}(0.8)\right\} = 4.00\,\mathrm{mol \cdot m^{-3}}$$

$$C_C = C_{A0}\left(\theta_C + \frac{c}{a}x_A\right) = (10.0)\left\{\frac{0}{10.0} + \frac{1}{2}(0.8)\right\} = 4.00\,\mathrm{mol \cdot m^{-3}}$$

$$C_I = C_{A0}\theta_I = (10.0)\frac{2.00}{10.0} = 2.00\,\mathrm{mol \cdot m^{-3}}$$

反応器出口における各成分の物質量は，表 7.5 より次式で求められる（PFR なので，表 7.5 中の n を F に置き換える）．

$$F_A = F_{A0}(1 - x_A)$$
$$F_{A0} = v_0 \cdot C_{A0} \quad (v_0 \text{ は反応器入口における体積流量})$$
$$\therefore\ F_{A0} = v_0 \cdot C_{A0} = (1.00 \times 10^{-3})(10.0) = 1.00 \times 10^{-2}\,\mathrm{mol \cdot s^{-1}}$$

よって

$$F_A = F_{A0}(1 - x_A) = (1.00 \times 10^{-2})(1 - 0.8) = 2.00 \times 10^{-3}\,\mathrm{mol \cdot s^{-1}}$$

$$F_B = F_{A0}\left(\theta_B - \frac{b}{a}x_A\right) = (1.00 \times 10^{-2})\left\{\frac{8.00}{10.00} - \frac{1}{2}(0.8)\right\} = 4.00 \times 10^{-3}\,\mathrm{mol \cdot s^{-1}}$$

$$F_C = F_{A0}\left(\theta_C + \frac{c}{a}x_A\right) = (1.00 \times 10^{-2})\left\{\frac{0}{10.0} + \frac{1}{2}(0.8)\right\} = 4.00 \times 10^{-3}\,\mathrm{mol \cdot s^{-1}}$$

$$F_I = F_{A0}\theta_I = (1.00 \times 10^{-2})\frac{2.00}{10.0} = 2.00 \times 10^{-3}\,\mathrm{mol \cdot s^{-1}}$$

物質量流量を求める別解を以下に示す．

反応器出口における各成分の物質量流量は $F_i = vC_i$ で求められる．定容系なので反応器出口の体積流量 (v) は反応器入口の体積流量 (v_0) と等しい．よって

$$F_A = v \cdot C_A = v_0 \cdot C_A = (1.00 \times 10^{-3})(2.00) = 2.00 \times 10^{-3}\,\text{mol}\cdot\text{s}^{-1}$$
$$F_B = v \cdot C_B = v_0 \cdot C_B = (1.00 \times 10^{-3})(4.00) = 4.00 \times 10^{-3}\,\text{mol}\cdot\text{s}^{-1}$$
$$F_C = v \cdot C_C = v_0 \cdot C_C = (1.00 \times 10^{-3})(4.00) = 4.00 \times 10^{-3}\,\text{mol}\cdot\text{s}^{-1}$$
$$F_I = v \cdot C_I = v_0 \cdot C_I = (1.00 \times 10^{-3})(2.00) = 2.00 \times 10^{-3}\,\text{mol}\cdot\text{s}^{-1}$$

例題7.4　【例題7.3】の反応が気相反応の場合，出口の各成分の濃度および物質量流量を求めよ．

【解答】　気相反応でPFRを用いるので，表7.6より ε_A の値によって定容系か非定容系かが決まる．

$$\delta_A = \frac{-2-1+1}{2} = -1, \quad y_{A0} = \frac{10.0}{10.0+8.00+2.00} = 0.500$$
$$\therefore \quad \varepsilon_A = \delta_A y_{A0} = -0.500 \neq 0$$

したがって非定容系となる．式(3.28a)〜(3.28e)より

$$C_A = \frac{C_{A0}(1-x_A)}{1+\varepsilon_A x_A} = \frac{(10.0)(1-0.8)}{1-(0.5)(0.8)} = 3.33\,\text{mol}\cdot\text{m}^{-3}$$

$$C_B = \frac{C_{A0}\left(\theta_B - \frac{b}{a}x_A\right)}{1+\varepsilon_A x_A} = \frac{(10.0)\{0.8-(0.5)(0.8)\}}{1-(0.5)(0.8)} = 6.67\,\text{mol}\cdot\text{m}^{-3}$$

$$C_C = \frac{C_{A0}\left(\theta_C + \frac{c}{a}x_A\right)}{1+\varepsilon_A x_A} = \frac{(10.0)\{0+(0.5)(0.8)\}}{1-(0.5)(0.8)} = 6.67\,\text{mol}\cdot\text{m}^{-3}$$

$$C_I = \frac{C_{A0}\theta_I}{1+\varepsilon_A x_A} = \frac{(10.0)(0.2)}{1-(0.5)(0.8)} = 3.33\,\text{mol}\cdot\text{m}^{-3}$$

物質量流量については，【例題7.3】と同じである．
　別解は以下の通り．
　反応器出口における各成分の物質量流量は $F_i = vC_i$ で求められる．定容系なので，反応器出口の体積流量 (v) は反応器入口の体積流量 (v_0) とする．非定容系なので $v = v_0(1+\varepsilon_A x_A)$ となる．

$$\begin{aligned}F_A &= v \cdot C_A = v_0(1+\varepsilon_A x_A) \cdot C_A \\ &= (1.00 \times 10^{-3})(0.6)(3.33) = 2.00 \times 10^{-3}\,\text{mol}\cdot\text{s}^{-1}\end{aligned}$$

$$F_B = v \cdot C_B = v_0(1 + \varepsilon_A x_A) \cdot C_B$$
$$= (1.00 \times 10^{-3})(0.6)(6.67) = 4.00 \times 10^{-3} \text{ mol} \cdot \text{s}^{-1}$$
$$F_C = v \cdot C_C = v_0(1 + \varepsilon_A x_A) \cdot C_C$$
$$= (1.00 \times 10^{-3})(0.6)(6.67) = 4.00 \times 10^{-3} \text{ mol} \cdot \text{s}^{-1}$$
$$F_I = v \cdot C_I = v_0(1 + \varepsilon_A x_A) \cdot C_I$$
$$= (1.00 \times 10^{-3})(0.6)(3.33) = 2.00 \times 10^{-3} \text{ mol} \cdot \text{s}^{-1}$$

章末問題

1] 次に示す反応について考える.

$$3A + 2B \longrightarrow C$$

この量論式に対する反応速度は $6.00\text{ mol}\cdot\text{m}^{-3}\cdot\text{s}^{-1}$ であった. 各成分の反応速度を求めよ.

2] 次に示す複合反応について考える.

$$A + 2B \longrightarrow C \quad r_1$$
$$3A + C \longrightarrow 2D \quad r_2$$
$$2C + D \longrightarrow P \quad r_3$$

このとき, A, B, C の反応速度がそれぞれ $-3.5\text{ mol}\cdot\text{m}^{-3}\cdot\text{s}^{-1}$, $-4.0\text{ mol}\cdot\text{m}^{-3}\cdot\text{s}^{-1}$, $-1.5\text{ mol}\cdot\text{m}^{-3}\cdot\text{s}^{-1}$ であるとき, D と P の反応速度を求めよ.

3] ある反応の反応速度定数は, 500 K から 510 K になると 2 倍となった. この反応の活性化エネルギーを求めよ.

4] 次に示す液相反応を回分反応器(BR)で行った.

$$A + 3B \longrightarrow 2C + D$$

はじめに A と B をそれぞれ濃度が $10.0\text{ mol}\cdot\text{m}^{-3}$, $40.0\text{ mol}\cdot\text{m}^{-3}$ になるように仕込んで反応を開始した. このとき, 次の問いに答えよ.
(1) この反応の限定反応成分を答えよ.
(2) C の濃度が $16.0\text{ mol}\cdot\text{m}^{-3}$ となったとき, 反応を終了した. このときの限定成分の反応率, および反応終了時の各成分の濃度を求めよ.

5] 次に示す気相反応を管型反応器(PFR)で行った.

$$A + B \longrightarrow C$$

反応圧力は 200 kPa，反応温度は 600 K で一定とする．反応器入口から A と B の混合ガス（A の体積分率 0.400）を体積流量 10.0 m³·h⁻¹ で供給したところ，出口における体積流量は 7.00 m³·h⁻¹ であった．このとき，次の問いに答えよ．

（1）反応器入口における A の濃度（C_{A0}）を求めよ．
（2）反応器入口における A の物質量流量（F_{A0}）を求めよ．
（3）反応器出口における A の反応率（x_A）を求めよ．
（4）反応器出口における各成分の濃度（C_A, C_B, C_C）を求めよ．
（5）反応器出口における各成分の物質量流量（F_A, F_B, F_C）を求めよ．

第8章 反応器の設計方程式

【この章の概要】

本章では，反応時間と反応率との関係(回分反応器の場合)，および反応器体積と反応率との関係(連続槽型反応器，管型反応器の場合)を表す設計方程式を，第3章で学んだ物質収支の考え方に基づいて導出する．これによって，反応時間，反応器の体積，原料を供給する速度と反応率との関係がわかり，ある製品量を得るための反応器の設計や操作条件などが決定できるようになる．なおこの章では，反応器内の温度，圧力は場所によらず一定とし，反応器の設計については単一反応のみを取り扱う．

8.1 反応器の設計方程式

反応器の大きさや運転の仕方を決めるのが反応器の設計であり，そのために反応器の物質収支から導出される基礎式を**設計方程式**(design equation)という．

物質収支を考える領域(系)を反応器内にとる．このとき，領域内(系内)における反応成分の濃度が均一に近くなるように設定するとよい．

回分反応器(BR)や連続槽型反応器(CSTR)は反応器内の濃度が均一なので反応器全体を領域(系)とし，反応器に流出入する限定成分Aの物質収支をとる．管型反応器(PFR)の場合は，管断面については濃度が均一だが，軸方向には濃度分布がある．この場合，軸方向に垂直な二つの断面に囲まれた非常に小さな体積を領域(系)にとり，その内部では濃度は均一だと近似して，この小さな領域(微小体積)に流出入するAの物質収支を考える(図8.1)．

時刻tから$t+\Delta t$までの微小時間Δtの間に領域(系)に流出入するAの物質収支式は次のようになる．

(蓄積量) ＝ (流入量) － (流出量) ＋ (反応による生成量)

第8章 反応器の設計方程式

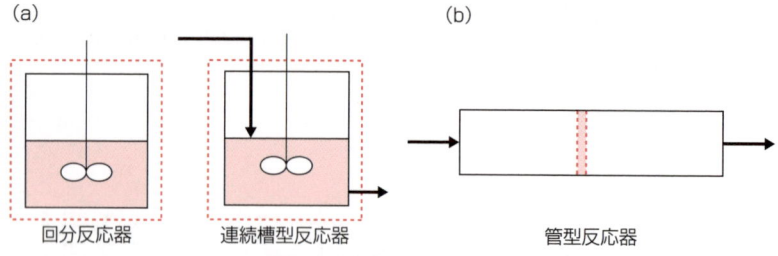

図 8.1 領域(系)のとり方
(a) 反応器を領域(系)と考える，(b) 軸方向に垂直な二つの断面に囲まれた非常に小さな体積を領域(系)と考える．

時刻 t に領域内にある A の物質量を $n_A(t)$ とする．領域に流入する A の物質量流量を $F_{A,in}$ [mol·s^{-1}]，流出する流量を $F_{A,out}$ [mol·s^{-1}]，反応速度を r_A [mol·s^{-1}·m^{-3}]，領域の体積を V [m^3] とする(図 8.2)．このとき収支式は

$$\Delta n_A = n_A(t+\Delta t) - n_A(t) = F_{A,in}\Delta t - F_{A,out}\Delta t + r_A V \Delta t \quad (8.1)$$

となる．両辺を Δt で割って

$$\frac{n_A(t+\Delta t) - n_A(t)}{\Delta t} = F_{A,in} - F_{A,out} + r_A V \quad (8.2)$$

$\Delta t \to 0$ とすると

$$\lim_{\Delta t \to 0} \frac{n_A(t+\Delta t) - n_A(t)}{\Delta t} = \frac{dn_A(t)}{dt} = F_{A,in} - F_{A,out} + r_A V \quad (8.3)$$

この式が反応器設計方程式の基本式となる．

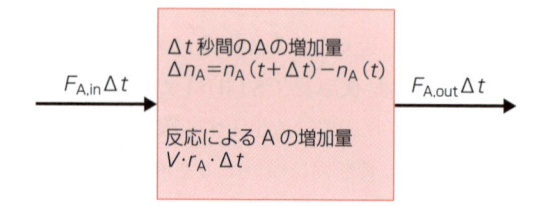

図 8.2 領域(系)での物質収支
領域における Δt 秒間での物質収支を考える．

8.2 回分反応器(BR)の設計方程式

図8.3に示すように時刻tにおける反応器内のAの物質量をn_A，反応器体積をV_0とすると，式(8.3)より

$$\frac{dn_A}{dt} = r_A V_0 \tag{8.4}$$

ここで，反応開始時$(t=0)$における反応器内のAの物質量をn_{A0}とすると$n_A = n_{A0}(1-x_A)$とかける．これを式(8.4)に代入して

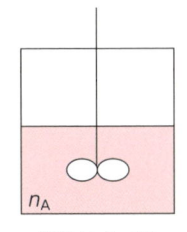

$$n_{A0}\frac{dx_A}{dt} = -r_A V_0 \tag{8.5}$$

図8.3 回分反応器の物質収支
体積 V_0（一定）

回分反応器は定容系で用いられることがほとんどである．よってこれ以降，回分反応器といえば定容回分反応器の場合と考える．

定容系なのでV_0は変化しない．よって，式(8.5)は次のように変形できる．

$$\frac{n_{A0}}{V_0}\frac{dx_A}{dt} = -r_A \tag{8.6}$$

式中のn_{A0}/V_0は反応開始時のAの濃度である．そこで，$n_{A0}/V_0 = C_{A0}$とすると

$$C_{A0}\frac{dx_A}{-r_A} = dt \tag{8.7}$$

$t = 0 \sim t$, $x_A = 0 \sim x_A$ で積分して

$$\int_0^t dt = t = C_{A0}\int_0^{x_A}\frac{dx_A}{-r_A} \tag{8.8}$$

この式(8.8)が定容回分反応器の設計方程式となる．

Aの反応速度r_Aを反応率x_Aで表して式(8.8)に代入して積分すれば，反応率と反応時間との関係が求められる．

8.3 連続槽型反応器(CSTR)の設計方程式

連続槽型反応器でも反応器全体を領域として物質収支をとることができる（図8.4）．Aの反応器入口，出口での物質量流量をそれぞれF_{A0} [mol·s^{-1}]，F_A [mol·s^{-1}]とすると，式(8.3)より

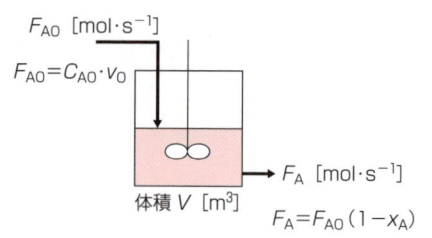

図8.4 連続槽型反応器の物質収支

$$\frac{dn_A}{dt} = F_{A0} - F_A + r_A V \tag{8.9}$$

工業的には，流通式の反応操作では，定常状態で操作されているため $(dn_A/dt) = 0$ と考える．すると

$$F_{A0} - F_A + r_A V = 0 \tag{8.10}$$

出口での反応率 x_A を使って出口の物質量流量を表すと

$$F_A = F_{A0}(1 - x_A) \tag{8.11}$$

式(8.11)を式(8.10)に代入して

$$F_{A0} x_A = (-r_A) V \tag{8.12}$$

入口での A の物質量流量 F_{A0} [mol·s^{-1}]を，入口での A の濃度 C_{A0} [mol·m^{-3}]と反応混合物の体積流量 v_0 [m^3·s^{-1}]で表すと，次式のようになる．

$$F_{A0} = C_{A0} \cdot v_0 \tag{8.13}$$

式(8.13)を式(8.12)に代入して $\tau = V/v_0$ とすると

$$\tau = \frac{V}{v_0} = \frac{C_{A0} \cdot x_A}{-r_A} \tag{8.14}$$

τ は時間の単位をもっており，**空間時間**(space time)といわれる．

式(8.14)が連続槽型反応器(CSTR)の設計方程式である．回分反応器の場合と同様に式に含まれる A の反応速度 r_A を反応率 x_A で表して代入すれば，空間時間と反応率との関係が求められる．空間時間は反応器体積と供給する原料の体積流量とによって決まるので，これによって反応率と反応器体積あるいは供給する原料の体積流量との関係を求めることができる．

8.4 管型反応器(PFR)の設計方程式

管型反応器は軸方向に濃度分布が生じるために，回分反応器や連続槽型反応

図 8.5 管型反応器の物質収支

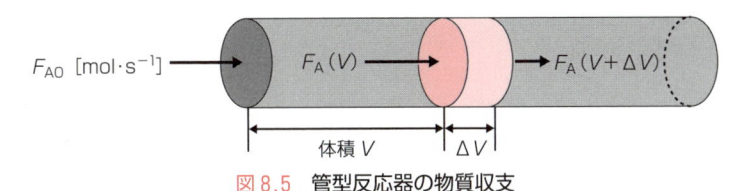

軸方向に物質量流量が変化する．反応器入り口から体積 V 進んだ場所での物質量流量を $F_A(V)$ とする．

器のように反応器全体を領域にとることができない．そこで，反応器入口から体積で $V\,[\mathrm{m}^3]$ だけ離れた位置に非常に薄い厚みの微小体積 ($\Delta V\,[\mathrm{m}^3]$) を考える．微小体積内の濃度は均一であると近似して，これを領域として，A の物質収支を考える（図 8.5）．

A の物質量流量は軸方向に変化しているので，入口からの体積 V の関数である．この領域に流入する A の物質量流量は $F_A(V)\,[\mathrm{mol \cdot s^{-1}}]$ であり，流出する流量は $F_A(V+\Delta V)\,[\mathrm{mol \cdot s^{-1}}]$ である．反応による A の生成速度は $r_A \Delta V$ となる．式(8.3)より

$$\frac{dn_A}{dt} = F_A(V) - F_A(V+\Delta V) + r_A \Delta V \tag{8.15}$$

連続槽型反応器と同様に操作は定常状態で行われるので

$$F_A(V) - F_A(V+\Delta V) + r_A \Delta V = 0 \tag{8.16}$$

$$\therefore \frac{F_A(V+\Delta V) - F_A(V)}{\Delta V} = r_A \tag{8.17}$$

$\Delta V \to 0$ とすると

$$\lim_{\Delta V \to 0} \frac{F_A(V+\Delta V) - F_A(V)}{\Delta V} = \frac{dF_A}{dV} = r_A \tag{8.18}$$

F_A を反応率 x_A で表すと

$$F_A = F_{A0}(1 - x_A) \tag{8.19}$$

これを式(8.18)に代入して

$$F_{A0}\frac{dx_A}{dV} = -r_A \tag{8.20}$$

連続槽型反応器の場合と同じように，$F_{A0}\,[\mathrm{mol \cdot s^{-1}}]$ を $C_{A0}\,[\mathrm{mol \cdot m^{-3}}]$ と反応混合物の体積流量 $v_0\,[\mathrm{m^3 \cdot s^{-1}}]$ で表して

$$C_{A0}\frac{dx_A}{-r_A} = \frac{dV}{v_0} \tag{8.21}$$

$x_A = 0 \sim x_A$, $V = 0 \sim V$ で積分して，空間時間 $\tau = V/v_0$ とすると

$$\tau = \frac{V}{v_0} = C_{A0}\int_0^{x_A}\frac{dx_A}{-r_A} \tag{8.22}$$

この式(8.22)が管型反応器(PFR)の設計方程式となる．先の二つの反応器と同様に，Aの反応速度を反応率 x_A の関数として表して式(8.22)に代入すれば，空間時間(反応器体積と原料の体積流量)と反応率との関係が得られる．

8.5　設計方程式についてのまとめ

各反応器の設計方程式についてまとめると以下のようになる．

Ⅰ回分反応器(BR)：$\int_0^t dt = t = C_{A0}\int_0^{x_A}\frac{dx_A}{-r_A}$　　　　(8.8)

Ⅱ連続槽型反応器(CSTR)：$\tau = \dfrac{V}{v_0} = \dfrac{C_{A0}\cdot x_A}{-r_A}$　　　　(8.14)

Ⅲ管型反応器(PFR)：$\tau = \dfrac{V}{v_0} = C_{A0}\int_0^{x_A}\dfrac{dx_A}{-r_A}$　　　　(8.22)

また，反応器設計のおおまかな手順を以下に示す．

①反応が定容系か非定容系かを判断する．
②反応速度に関係する成分の濃度を限定成分Aの反応率 x_A を用いて表す．このとき，定容系か非定容系かで表し方が異なる．
③②で得られた濃度を使って，Aの反応速度を反応率 x_A で表す．
④使用する反応器の設計方程式に，③で求めた反応速度式を代入する．
⑤④で求められた式を積分や代数的に解くと反応時間(空間時間)と反応率の関係が求められる．つまり，所定の反応率を得るために必要な時間，反応器体積，原料の体積流量などが求められる．

具体的には，以下の例題を参照．

例題8.1　次の反応で表される液相反応を(1)回分反応器(BR)，(2)連続槽型反応器(CSTR)，(3)管型反応器(PFR)をそれぞれ用いて行う．反応率が60.0%となる反応時間あるいは空間時間を求めよ．

$$A \longrightarrow C \quad (-r_A = kC_A,\ k = 2.00 \times 10^{-3}\,\text{s}^{-1})$$

【解答】 液相反応なので定容系である．また，反応速度に関係する濃度はAのみである．Aの濃度を反応率で表すと，定容系なので

$$C_A = C_{A0}(1 - x_A) \quad ①$$

式①をAの反応速度式に代入すると次のようになる．

$$-r_A = kC_A = kC_{A0}(1 - x_A) \quad ②$$

(1) 回分反応器(BR)

回分反応器の設計方程式に式②を代入すると

$$t = C_{A0}\int_0^{x_A} \frac{dx_A}{-r_A} = \frac{1}{k}\int_0^{x_A} \frac{dx_A}{1-x_A} = -\frac{1}{k}\ln(1-x_A) \quad ③$$

式③にkとx_Aの値を代入して反応時間tを求めると

$$t = -\frac{1}{2.00 \times 10^{-3}}\ln(1-0.6) = 458\,\mathrm{s}$$

(2) 連続槽型反応器(CSTR)

連続槽型反応器の設計方程式に式②を代入すると

$$\tau = \frac{V}{v_0} = \frac{C_{A0} \cdot x_A}{-r_A} = \frac{x_A}{k(1-x_A)} \quad ④$$

式④にkとx_Aの値を代入して空間時間τを求めると

$$\tau = \frac{0.6}{(2.00 \times 10^{-3})(1-0.6)} = 750\,\mathrm{s}$$

(3) 管型反応器(PFR)

管型反応器の設計方程式に式②を代入すると

$$\tau = \frac{V}{v_0} = C_{A0}\int_0^{x_A} \frac{dx_A}{-r_A} = \frac{1}{k}\int_0^{x_A} \frac{dx_A}{1-x_A} = -\frac{1}{k}\ln(1-x_A) \quad ⑤$$

となり，回分反応器の反応時間と同じになる．

$$\tau = t = 458\,\mathrm{s}$$

一次反応ではAの初濃度あるいは反応器入口の濃度C_{A0}は反応時間，空間時間に関係がないことがわかる．また，回分反応器の反応時間と管型

☞ one rank up !
一次反応
反応速度が反応速度に関与する濃度のべき乗係数の和が1である反応．たとえば，反応速度が$r = kC$と表される反応は一次反応である．

反応器の空間時間が等しいこともわかる．さらに，連続槽型反応器の空間時間が管型反応器の空間時間よりも長いことがわかる．これは，同じ体積流量で原料を供給するのであれば，同じ反応率を得るために連続槽型反応器のほうが大きな反応器体積が必要となることを示している．

例題8.2 次の反応で表される気相反応を（1）回分反応器(BR)，（2）連続槽型反応器(CSTR)，（3）管型反応器(PFR)をそれぞれ用いて行う．なお，原料ガスはAのみであるとする．反応率が60.0%となる反応時間あるいは空間時間を求めよ．

$$A \longrightarrow 2C \quad (-r_A = kC_A, \; k = 2.00 \times 10^{-3}\,\text{s}^{-1})$$

【解答】 気相反応なので非定容系の可能性がある．

$$\delta_A = \frac{-1+2}{1} = 1$$

原料ガスはAのみであることから，$y_{A0} = 1$ である．よって，$\varepsilon_A = \delta_A \cdot y_{A0} = (1)(1) = 1$ となる．$\varepsilon_A \neq 0$ なので定容系回分反応器を用いる以外は全て非定容系である．

Aの濃度を反応率 x_A で表す．定容系の場合は

$$C_A = C_{A0}(1 - x_A) \quad \text{①}$$

であるが，非定容系の場合は

$$C_A = \frac{C_{A0}(1-x_A)}{1+\varepsilon_A x_A} = \frac{C_{A0}(1-x_A)}{1+x_A} \quad \text{②}$$

となる．式①または式②を反応速度式に代入して

$$-r_A = kC_A = kC_{A0}(1-x_A) \quad \text{（定容系）} \quad \text{③}$$

$$-r_A = kC_A = \frac{kC_{A0}(1-x_A)}{1+x_A} \quad \text{（非定容系）} \quad \text{④}$$

（1）回分反応器(BR)

回分反応器はほとんどが定容系回分反応器であるため，定容系と考えてよい．定容系なので，式③を設計方程式に代入すると

$$t = C_{A0}\int_0^{x_A}\frac{dx_A}{kC_{A0}(1-x_A)} = \frac{1}{k}\int_0^{x_A}\frac{dx_A}{1-x_A} = -\frac{1}{k}\ln(1-x_A)$$

$$\therefore\ t = -\frac{1}{2.00\times10^{-3}}\ln(1-0.6) = 458\,\text{s} \qquad ⑤$$

（2）連続槽型反応器（CSTR）

非定容系なので，設計方程式に式④を代入して

$$\tau = \frac{V}{v_0} = \frac{C_{A0}\cdot x_A}{-r_A} = \frac{x_A(1+x_A)}{k(1-x_A)} \qquad ⑥$$

式⑥に k と x_A の値を代入して空間時間 τ を求めると

$$\tau = \frac{0.6(1+0.6)}{(2.00\times10^{-3})(1-0.6)} = 1200\,\text{s}$$

（3）管型反応器（PFR）

非定容系なので，設計方程式に式④を代入して

$$\tau = \frac{V}{v_0} = C_{A0}\int_0^{x_A}\frac{dx_A}{-r_A} = \frac{1}{k}\int_0^{x_A}\frac{1+x_A}{1-x_A}dx_A$$

$$= \frac{1}{k}\int_0^{x_A}\left(\frac{2}{1-x_A}-1\right)dx_A = \frac{-2\ln(1-x_A)-x_A}{k} \qquad ⑦$$

式⑦に k と x_A の値を代入して空間時間 τ を求めると

$$\tau = \frac{-2\ln(1-0.6)-0.6}{2.00\times10^{-3}} = 616\,\text{s}$$

液相反応とは違い，回分反応器の反応時間と管型反応器の空間時間が異なることがわかる．また気相反応でも，連続槽型反応器のほうが管型反応器よりも空間時間が長くなることがわかる．

8.6　連続槽型反応器(CSTR)と管型反応器(PFR)の性能比較

上の例題では，同じ反応率を得るための空間時間が連続槽型反応器と管型反応器で異なっていた．このことを図から検討してみよう（図8.6）．

横軸に反応率 x_A，縦軸に反応器入口のAの濃度をAの反応速度で割った値 $C_{A0}/(-r_A)$ をとる．反応速度が反応率の増加とともに単調に減少する反応について考える．このとき，$C_{A0}/(-r_A)$ は図中のような増加関数の曲線となる．

いま出口の反応率を x_{Af} とし，連続槽型反応器の空間時間を τ_{CSTR} とすると，設計方程式より

one rank up !
記号の意味
Afのfはfinalの頭文字で，反応終了時(BRの場合)，反応器出口(PFR，CSTRの場合)を示している．

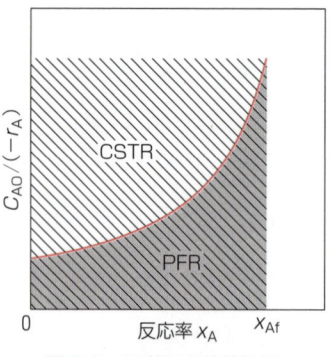

図 8.6 反応器の性能比較

$$\tau_{\text{CSTR}} = \frac{C_{\text{A0}}}{-r_{\text{A}}} x_{\text{Af}} \tag{8.23}$$

となる．図中では斜線の長方形の面積が τ_{CSTR} の値となる．

一方，管型反応器(PFR)の空間時間を τ_{PFR} とすると，設計方程式より

$$\tau_{\text{PFR}} = \int_0^{x_{\text{A}}} \frac{C_{\text{A0}}}{-r_{\text{A}}} \, dx_{\text{A}} \tag{8.24}$$

となる．図中で灰色の部分の面積が τ_{PFR} の値となる．

このように，反応率の増加に伴い反応速度が単調減少(反応速度の逆数は単調増加)する場合，同じ反応率を得るためには，管型反応器のほうの空間時間が短いことがわかる．つまり，管型反応器のほうの性能がよいことを意味する．

章末問題

1 次に示す液相反応を連続槽型反応器(CSTR)で行った．

$$A \longrightarrow 2C \quad (-r_{\text{A}} = kC_{\text{A}}, \ k = 0.100 \ \text{h}^{-1})$$

反応器入口から，濃度 $1000 \ \text{mol} \cdot \text{m}^{-3}$ の原料 A を体積流量 $0.200 \ \text{m}^3 \cdot \text{h}^{-1}$ で供給した．このとき，次の問いに答えよ．

(1) 反応器出口での反応率を 80.0% にするために必要な反応器体積を求めよ．

(2) この反応を管型反応器(PFR)で行い，反応率を 80.0% にするために必要な反応器体積を求めよ．

2 次の式で表される気相反応を温度一定の下で行った．

$$A \longrightarrow 2C \quad (-r_{\text{A}} = kC_{\text{A}}, \ k = 5.00 \times 10^{-4} \ \text{s}^{-1})$$

反応器入口から A のみを濃度 $80.0 \ \text{mol} \cdot \text{m}^{-3}$，体積流量 $10.0 \ \text{mL} \cdot \text{s}^{-1}$ で

供給した．反応器出口での反応率を 0.750 となるように管型反応器(PFR)，連続槽型反応器(CSTR)を用いて反応を行うとき，以下の問いに答えよ．

（1）反応器出口における成分 A および C の濃度を求めよ．
（2）管型反応器(PFR)を用いて反応を行うとき，反応器体積を求めよ．
（3）連続槽型反応器(CSTR)を用いて反応を行うとき，反応器体積を求めよ．

3] 次に示す液相反応を回分反応器(BR)で行う．

$$A + B \longrightarrow C \quad (-r_A = kC_A C_B, \ k = 6.53 \times 10^{-6} \, \text{m}^3 \cdot \text{mol}^{-1} \cdot \text{s}^{-1})$$

反応開始時には反応器内には A と B のみがあり，それぞれの濃度は 80.0 mol·m^{-3}，100 mol·m^{-3} である．反応を開始して 1 時間後の反応率を求めよ．

第9章 反応速度の解析と反応器設計

【この章の概要】

この章では，第8章で学習した反応設計方程式から導かれる，反応時間と反応率，あるいは反応器体積と反応率との関係を用いて，反応速度の解析，反応器の設計について学ぶ．

9.1 反応速度の解析

今までに得られた各反応器の反応時間，空間時間と反応率との関係から**反応速度定数**(reaction rate constant)を求めることもできる．次の例題を通して理解していこう．

例題 9.1 回分反応器(BR)を用いて，次に示す液相反応を行った．反応開始時のAとBの濃度はそれぞれ $10.0\,\mathrm{mol\cdot m^{-3}}$, $20.0\,\mathrm{mol\cdot m^{-3}}$ であった．

$$\mathrm{A} + \mathrm{B} \longrightarrow \mathrm{C} + \mathrm{D} \quad (-r_\mathrm{A} = kC_\mathrm{A}C_\mathrm{B})$$

反応時間と C_B の濃度を測定したところ以下の表のような結果を得た．この反応の反応速度定数を求めよ．

表9.1 Bの濃度の測定結果

反応時間 [s]	0	45	90	180	360	720
Bの濃度 C_B [mol·m^{-3}]	20.0	17.0	16.0	13.5	11.2	10.4

【解答】 液相反応なので定容系である．よって，反応速度に関係する成分の濃度(C_A, C_B)を反応率 x_A で表すと

$$C_A = C_{A0}(1 - x_A) \qquad ①$$
$$C_B = C_{A0}(\theta_B - x_A) = C_{A0}(2 - x_A) \qquad ②$$

①，②より，反応速度を反応率 x_A を用いて表すと

$$-r_A = kC_{A0}^2(1 - x_A)(2 - x_A) \qquad ③$$

回分反応器の設計方程式に③を代入して

$$\begin{aligned}
t &= C_{A0}\int_0^{x_A}\frac{dx_A}{-r_A} = \frac{1}{kC_{A0}}\int_0^{x_A}\frac{dx_A}{(1-x_A)(2-x_A)} \\
&= \frac{1}{kC_{A0}}\int_0^{x_A}\left(\frac{1}{1-x_A} - \frac{1}{2-x_A}\right)dx_A \\
&= \frac{1}{kC_{A0}}\left|\ln\frac{2-x_A}{1-x_A}\right|_0^{x_A} = \frac{1}{kC_{A0}}\left(\ln\frac{2-x_A}{1-x_A} - \ln 2\right) \\
&= \frac{1}{kC_{A0}}\ln\frac{2-x_A}{2(1-x_A)} \qquad ④
\end{aligned}$$

これで，反応時間 t と反応率 x_A との関係が求められた．ここで $X = t$，$Y = \ln\frac{2-x_A}{2(1-x_A)}$ とおくと，④は次のようになる．

$$Y = kC_{A0}X \qquad ⑤$$

X，Y の関係をグラフにすると原点を通る傾き kC_{A0} の直線となる．つまり，x 軸に反応時間 t，y 軸に $\ln[(2-x_A)/\{2(1-x_A)\}]$ の値をプロットすると原点を通る直線関係が得られて，その傾きが kC_{A0} となる．C_{A0} の値はわかっているので，傾きの値から反応速度定数 k が求められる．

測定結果（表9.1）から反応時間 t のときの C_B の値から反応率を計算し，求められた値を使って $\ln[(2-x_A)/\{2(1-x_A)\}]$ の値を計算して求める．そして，反応時間 t に対して $\ln[(2-x_A)/\{2(1-x_A)\}]$ の値をプロットし，原点を通る直線の傾きを求めて，反応速度定数 k の値を求める．

なお反応率 x_A は，②より測定された B の濃度 C_B を用いて次式で求められる．

表9.2　A の反応率

反応時間 [s]	0	45	90	180	360	720
B の濃度 C_B [mol·m^{-3}]	20.0	17.0	16.0	13.5	11.2	10.4
反応率 x_A [-]	0.000	0.300	0.400	0.650	0.880	0.960
$\ln\frac{2-x_A}{2(1-x_A)}$ [-]	0.000	0.194	0.288	0.657	1.54	2.56

$$x_A = 2 - \frac{C_B}{C_{A0}} \qquad ⑥$$

測定結果から求められた反応率 x_A と $\ln[(2-x_A)/\{2(1-x_A)\}]$ の値を表9.2にまとめた．

反応時間 t と $\ln[(2-x_A)/\{2(1-x_A)\}]$ とをプロットした図9.1を示す．原点を通る直線を引いて，傾きを求めると $3.70 \times 10^{-3}\,\mathrm{s^{-1}}$ となる．つまり，$kC_{A0} = 3.70 \times 10^{-3}\,\mathrm{s^{-1}}$ である．$C_{A0} = 10.0\,\mathrm{mol \cdot m^{-3}}$ だから反応速度定数 $k = 3.70 \times 10^{-4}\,\mathrm{m^3 \cdot mol^{-1} \cdot s^{-1}}$ と求められる．

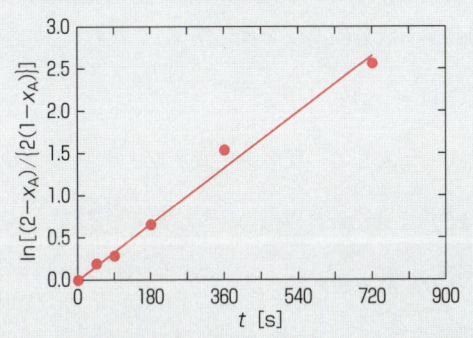

図9.1 反応時間 t と $\ln[(2-x_A)/\{2(1-x_A)\}]$ との関係

9.2 反応器の設計

反応器の**設計**(design)とは，生成物の生産量(生産速度)が決まっているとき，それを達成するための反応器の大きさや原料の供給量を決めることである．反応器の種類別に見ていこう．

9.2.1 回分反応器(BR)

回分反応器を用いて生産する場合，次のような工程で反応を行う．まず原料を反応器に仕込み，温度，圧力などの操作条件を設定する．そして，目的の反応率に達するまで反応を進め，その後，生成物を取り出す．それが終わると，次の反応のために反応器の洗浄を行う．

このように回分反応は，原料の仕込み，反応，生成物の取り出し，反応器の洗浄といった工程で成り立っている．つまり，目的生成物の生産に必要な時間は単に反応時間のみで決まるのではなく，これらの工程すべての時間が生産に要する時間となる．

例題 9.2 次に示すような液相反応を回分反応器で行う.

$$A \longrightarrow 3C \quad (-r_A = kC_A, \; k = 1.50 \times 10^{-4}\,\mathrm{s^{-1}})$$

原料はAのみを $3.00 \times 10^4\,\mathrm{mol \cdot m^{-3}}$ の濃度で仕込み,反応率80.0%まで反応を行う.生成物Cを $4.50 \times 10^4\,\mathrm{mol \cdot h^{-1}}$ の生産速度で生産したい.ただし,反応の仕込みに30 min,生成物の取り出しと反応器の洗浄に60 minかかるとする.このときの反応器体積を求めよ.

【解答】 まず,反応に要する時間を求める.液相反応なので定容系である.反応速度に関連する成分の濃度を反応率 x_A で表すと

$$C_A = C_{A0}(1 - x_A) \qquad ①$$

①を反応速度式に代入して,反応速度式を反応率 x_A で表すと

$$-r_A = kC_A = kC_{A0}(1 - x_A) \qquad ②$$

②を回分反応器の設計方程式に代入して

$$t = C_{A0}\int_0^{x_A}\frac{dx_A}{-r_A} = \frac{1}{k}\int_0^{x_A}\frac{dx_A}{1-x_A} = -\frac{1}{k}\ln(1-x_A) \qquad ③$$

反応速度定数 $1.50 \times 10^{-4}\,\mathrm{s^{-1}}$ と反応率0.800を③に代入して反応時間を求めると

$$t = -\frac{1}{1.50\times 10^{-4}}\ln(1-0.800) = 1.07\times 10^4\,s = 2.98\,h \qquad ④$$

原料の仕込み(30 min = 0.500 h),生成物の取り出し,反応器の洗浄(60 min = 1.00 h)を含めて,1サイクルの工程に要する時間は

$$0.500 + 2.98 + 1.00 = 4.48\,\mathrm{h} \qquad ⑤$$

反応器体積を $V_R\,[\mathrm{m^3}]$ として,1サイクルの生産で得られるCの物質量を求める.反応終了時のCの濃度は

$$C_C = C_{A0}(\theta_C + 3x_A) \qquad ⑤$$

原料はAのみで,反応率が80.0%だから

$$C_C = (3.00\times 10^4)(0 + 3\times 0.800) = 7.20\times 10^4\,\mathrm{mol\cdot m^{-3}} \qquad ⑥$$

よって,1サイクルで得られるCの物質量は $(7.20\times 10^4)V_R\,[\mathrm{mol}]$ となる.1サイクルに要する時間は,⑤より4.48 hなので,Cの生産速度は

$$\frac{(7.20\times10^4)\,V_R}{4.48} = 4.50\times10^4\,\mathrm{mol\cdot h^{-1}}$$

となる．よって反応器体積は

$$V_R = 2.80\,\mathrm{m^3}$$

実際には $2.80\,\mathrm{m^3}$ の液体が余裕をもって入る反応器を用いる．

9.2.2 連続槽型反応器(CSTR)

連続槽型反応器は単独でも用いられるが，図 9.2 のように直列に連結して使われることもある．

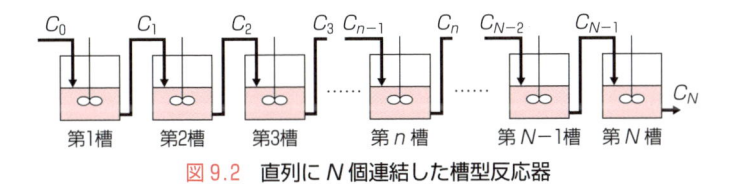

図 9.2 直列に N 個連結した槽型反応器

ここで，次式で示される液相一次反応を，N 個直列に連結した連続槽型反応器を用いて行うことについて考える．

$$\mathrm{A} \longrightarrow \mathrm{C} \qquad -r_\mathrm{A} = kC_\mathrm{A}$$

連結した反応器の体積はすべて等しく $V\,[\mathrm{m^3}]$ とする．第 1 槽の入口の A の濃度を $C_0\,[\mathrm{mol\cdot m^{-3}}]$，第 n 槽出口の A の濃度を $C_n\,[\mathrm{mol\cdot m^{-3}}]$ とすると，第 n 槽の入口の A の濃度は第 n-1 槽の出口濃度なので $C_{n-1}\,[\mathrm{mol\cdot m^{-3}}]$ である．また，反応器内の A の濃度は $C_n\,[\mathrm{mol\cdot m^{-3}}]$ で均一である．液相反応で定容系なので，各槽の入口，出口における体積流量はすべて同じで $v_0\,[\mathrm{m^3\cdot s^{-1}}]$ とする．

第 n 槽について，連続槽型反応器の設計方程式より

$$\tau = \frac{V}{v_0} = \frac{C_{n-1}\cdot x_n}{-r_{An}} \tag{9.1}$$

ここで，$-r_{An}$ は第 n 槽における A の反応速度，x_n は第 n 槽における反応率で次式で定義される．

$$x_n = \frac{C_{n-1} - C_n}{C_{n-1}} \tag{9.2}$$

また，第 n 槽における反応速度は次式で表される．

$$-r_{An} = kC_n \tag{9.3}$$

式(9.2)と(9.3)を式(9.1)に代入して

$$\tau = \frac{V}{v_0} = \frac{C_{n-1} \cdot x_n}{-r_{An}} = \frac{C_{n-1} - C_n}{kC_n} = \frac{1}{k}\left(\frac{C_{n-1}}{C_n} - 1\right) \tag{9.4}$$

式(9.4)より

$$\frac{C_n}{C_{n-1}} = \frac{1}{1+k\tau} \tag{9.5}$$

式(9.5)がすべての槽について成立する.

N個直列の反応器全体の反応率 x_A を次式のように定義する.

$$x_A = \frac{C_0 - C_N}{C_0} \tag{9.6}$$

式(9.6)より

$$1 - x_A = \frac{C_N}{C_0} = \frac{C_1}{C_0} \cdot \frac{C_2}{C_1} \cdots \frac{C_n}{C_{n-1}} \cdots \frac{C_{N-1}}{C_{N-2}} \cdot \frac{C_N}{C_{N-1}} \tag{9.7}$$

式(9.5)がすべての槽で成り立つので,式(9.7)に代入して

$$1 - x_A = \frac{C_N}{C_0} = \frac{1}{1+k\tau} \cdots \frac{1}{1+k\tau} \cdots \frac{1}{1+k\tau} = \frac{1}{(1+k\tau)^N} \tag{9.8}$$

例題9.3 次に示すような液相反応について考える.

$$A \longrightarrow C \quad (-r_A = kC_A, \ k = 1.00 \times 10^{-2}\,\mathrm{s}^{-1})$$

この反応を,(1)体積 $3.00\,\mathrm{m}^3$ の1個の連続槽型反応器で行う場合と,(2)反応器体積 $1.00\,\mathrm{m}^3$ の反応器を3個直列に連結して行う場合の反応率をそれぞれ求めよ.なお,原料はAのみで反応器入口((2)の場合,第1槽の反応器入口)の濃度は $200\,\mathrm{mol}\cdot\mathrm{m}^{-3}$ で,原料の体積流量は $1.00 \times 10^{-2}\,\mathrm{m}^3\cdot\mathrm{s}^{-1}$ である.

【解答】 (1)1個の連続槽型反応器で行う場合,空間時間を求めると

$$\tau_1 = \frac{3.00}{1.00 \times 10^{-2}} = 300\,\mathrm{s}$$

$N = 1$ なので,式(9.8)より

$$1-x_A = \frac{1}{1+k\tau_1} = \frac{1}{1+(1.00\times 10^{-2})(300)} = 0.25$$

よって反応率 $x_A = 0.750$ となる.

(2) 3個の連続槽型反応を直列に連結した場合,空間時間を求めると

$$\tau_3 = \frac{1.00}{1.00\times 10^{-2}} = 100\,\text{s}$$

$N = 3$ なので,式(9.8)より

$$1-x_A = \frac{1}{(1+k\tau_1)^3} = \frac{1}{\{1+(1.00\times 10^{-2})(100)\}^3} = 0.125$$

よって反応率 $x_A = 0.875$ となる.

このように,反応器体積の合計は等しいが,3個直列に反応器を連結すると反応率が高くなる.

9.2.3 管型反応器(PFR)

管型反応器は気相反応によく用いられる.単一管だと温度の制御が難しいため,多くの管を並列に配列し,その外部に熱媒体を流して加熱・冷却を行う多管式熱交換型反応器が多く用いられる(図9.3).次の例題を通して,管型反応器の設計を学んでいこう.

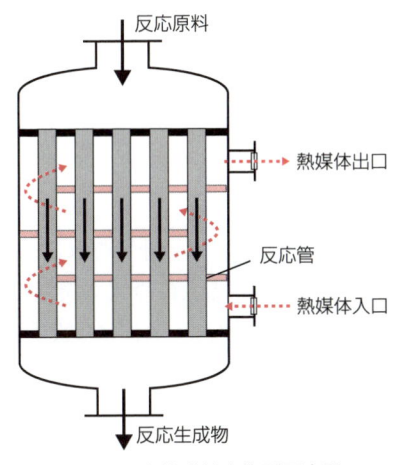

図 9.3 多管式熱交換型反応器

例題 9.4 次の式で表される気相反応を $0.5065\,\text{MPa}$($5\,\text{atm}$),$350\,\text{K}$ で行い,生成物 C を $4.80\,\text{mol}\cdot\text{s}^{-1}$ の速さで生産したい.

$$A \longrightarrow 2C \quad (-r_A = kC_A, \ k = 0.03\,\mathrm{s^{-1}})$$

反応器は管内径が $2.50 \times 10^{-2}\,\mathrm{m}$, 管長が $3.00\,\mathrm{m}$ の反応管を並列に配置した多管式管型反応器を用いる．出口での A の反応率を 80.0% にしたい場合，配置すべき反応管の本数を求めよ．なお，原料ガスは A と不活性成分 I の混合ガスで A が 80.0% 含まれているとする．

【解答】 気相反応で管型反応器を使用するので非定容系の可能性がある．

$$\delta_A = (-1+2)/1 = 1, \ y_{A0} = 0.800 \ \text{より}$$
$$\varepsilon_A = \delta_A \cdot y_{A0} = (1)(0.800) = 0.8 \neq 0$$

よって非定容系である．A の濃度 C_A を反応率 x_A で表すと，非定容系なので

$$C_A = \frac{C_{A0}(1-x_A)}{1+\varepsilon_A x_A} = \frac{C_{A0}(1-x_A)}{1+0.8 x_A} \quad ①$$

よって A の反応速度は

$$-r_A = k\frac{C_{A0}(1-x_A)}{1+0.8 x_A} \quad ②$$

①, ②を管型反応器の設計方程式に代入して

$$\tau = C_{A0}\int_0^{x_A}\frac{dx_A}{-r_A} = \frac{1}{k}\int_0^{x_A}\frac{1+0.8 x_A}{1-x_A}dx_A$$
$$= \frac{1}{k}\int_0^{x_A}\left(\frac{1.8}{1-x_A}-0.8\right)dx_A = \frac{1}{k}\{-0.8x_A - 1.8\ln(1-x_A)\} \quad ③$$

今，反応率を 80.0% に設定しているので，③より空間時間を求めると $\tau = 75.2\,\mathrm{s}$ となる．必要な反応器体積を $V\,[\mathrm{m^3}]$，反応器入口の体積流量を $v_0\,[\mathrm{m^3 \cdot s^{-1}}]$ とすると，空間時間 $\tau = V/v_0$ である．つまり，入口の原料ガスの体積流量がわかれば反応器体積が求められる．

原料ガス流量 $v_0\,[\mathrm{m^3 \cdot s^{-1}}]$，反応器入口の A の濃度 $C_{A0}\,[\mathrm{mol \cdot m^{-3}}]$，反応器入口の A の物質量流量 $F_{A0}\,[\mathrm{mol \cdot s^{-1}}]$ の間には次のような関係がある．

$$F_{A0} = v_0 \cdot C_{A0} \quad ④$$

題意より，反応器出口の C の物質量流量は $4.80\,\mathrm{mol \cdot s^{-1}}$ である．流通系の場合，式(7.14a)〜(7.14e) の n を F に置き換えると

$$F_C = F_{A0}(\theta_C + 2x_A) = 2F_{A0}x_A = 4.80\,\mathrm{mol \cdot s^{-1}} \quad ⑤$$

⑤と反応率が 80.0% であることから

$$F_{A0} = 3.00 \text{ mol·s}^{-1} \tag{6}$$

反応器入口における A の濃度は次式で表される

$$C_{A0} = \frac{p_A}{RT} = \frac{P_T y_{A0}}{RT} \tag{7}$$

ただし，p_A [Pa]は原料ガス中の A の分圧，P_T [Pa]は原料ガスの全圧である．以上より

$$C_{A0} = \frac{(0.5056 \times 10^6)(0.800)}{(8.314)(350)} = 139 \text{ mol·m}^{-3} \tag{8}$$

④，⑥，⑧より
$$v_0 = \frac{F_{A0}}{C_{A0}} = \frac{3.00}{139} = 2.16 \times 10^{-2} \text{ m}^3\text{·s}^{-1} \tag{9}$$

$\tau = \dfrac{V}{v_0}$ より　　反応器体積 $V = \tau \cdot v_0 = (75.2)(2.16 \times 10^{-2})$
$$= 1.62 \text{ m}^3$$

反応管 1 本あたりの体積は

$$\frac{\pi}{4}D^2 L = \frac{\pi}{4}(2.50 \times 10^{-2})^2 (3.00) = 1.47 \times 10^{-3} \text{ m}^3$$

よって，必要な反応管の本数は

$$\frac{1.62}{1.47 \times 10^{-3}} = 1102 \quad \therefore \quad 1102 \text{本}$$

章末問題

1] 次の液相反応を回分反応器(BR)で行う．

$$A \longrightarrow 2C \quad (-r_A = kC_A)$$

反応開始時の A の濃度は，$C_{A0} = 1000$ mol·m^{-3} であった．60 min 間反応させたところ，C の濃度が 900 mol·m^{-3} となった．このときの反応速度定数を求めよ．

2] 次の液相反応を連続槽型反応器(CSTR)(体積 1.00 m^3)で行った．

$$A + B \longrightarrow C + D \quad (-r_A = kC_A C_B)$$

反応開始時の A，B の濃度はそれぞれ 100 mol·m^{-3}，200 mol·m^{-3} であった．反応器に供給する原料溶液の体積流量を変化させて出口での B の濃度

を調べると次に示す表9.3のようになった．この結果から反応速度定数を求めよ．

表9.3 原料体積流量と反応器出口におけるBの濃度

原料の体積流量[m^3·s^{-1}]	3.00 × 10^{-1}	2.40 × 10^{-2}	1.00 × 10^{-2}	3.00 × 10^{-3}
反応器出口のBの濃度[mol·m^{-3}]	194	160	142	120

3 次の液相反応を連続槽型反応器(CSTR)(体積 1.00 m^3)で行った(図9.4)．

$$A \longrightarrow C \quad (-r_A = kC_A)$$

体積流量 0.100 m^3·s^{-1} で原料を反応器に供給すると，出口における反応率は70%であった．このとき，次の問いに答えよ．

（1）反応器体積が 0.500 m^3 の CSTR を直列につないだ場合，1槽目の反応器入口濃度を基準とした場合の2槽目の反応器出口における反応率を求めよ．

（2）反応器体積が 0.500 m^3 の CSTR を並列につないだ場合，反応器出口における反応率を求めよ．ただし，原料流量は二等分されてそれぞれの反応器に供給されるものとする．

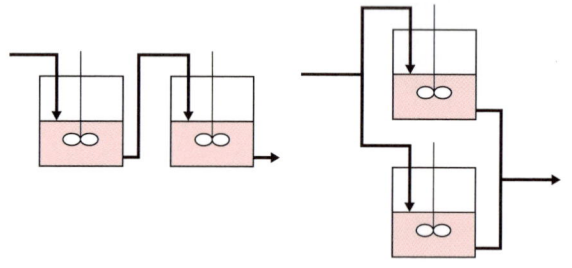

図9.4 二つのCSTRの連結

4 次に示す気相反応を管型反応器(PFR)で行う．

$$A + B \longrightarrow 3C \quad (-r_A = kC_A C_B,\ k = 0.05\ \text{m}^3\cdot\text{mol}^{-1}\cdot\text{s}^{-1})$$

圧力 202.6 kPa，温度 500 K で反応を行う．原料ガスは A，B と不活性成分 I の混合ガスで，その組成は A，B がそれぞれ 40.0%，I が 20.0% である．このとき，次の問いに答えよ．

（1）反応器出口での反応率を70%にするために必要な空間時間を求めよ．

（2）同じ大きさの反応器を用いて，原料組成を不活性ガスを含まない A，B それぞれ 50.0% ずつとした場合，(1)と同じ反応率を得るためには，反応器入口の体積流量を(1)の場合の何%にすればよいか．

第10章 管内流動

【この章の概要】

　化学工場，化学プラントなどの化学プロセスにおいて，多種多様な原料から製品が製造されるまでには，さまざまな単位操作が連続的に行われる．そのような過程においては，原料は流体として管路を流れ輸送される．そして，その輸送が化学プロセスの大部分を占める．また，それらの流体を各単位操作に供給する際や単位操作の際に，流体の加熱・冷却が必要になることもある．そのため輸送・伝熱の効率がエネルギー効率・生産効率に大きく影響を及ぼす．

　以上のように，管内の流体流れ，伝熱などを熟知することがたいへん重要であることがわかる．この章では，化学装置などに複雑に繋がれた管内を流れる流体の流れ，装置や管内に流れる流体の加熱・冷却などについて学ぶ．

10.1 流体の性質

10.1.1 流体の圧縮性と粘性

　気体と液体の密度（すなわち流体の密度）は温度と圧力の関数なので，圧力が変化すると容積も変化する．この性質を**圧縮性**(compressibility)という．実在の流体は厳密にはすべて**圧縮性流体**(compressible fluid)であるが，液体の場合は，温度，圧力による密度変化がとても小さい．そのため液体は圧縮性をもたない流体である**非圧縮性流体**(incompressible fluid)として取り扱うことができる．また，気体でも圧力変化が小さい流動状態においては非圧縮性流体として取り扱うことができる．

　水やアルコールはさらさらしているが，油はそれらに比べて粘りがある．この粘りのことを流体の**粘性**(viscosity)といい，粘性を表す値として**粘度**(viscosity)が用いられる．その数値の大きさにより流体の流動のしやすさ，しにくさを判断することができる．

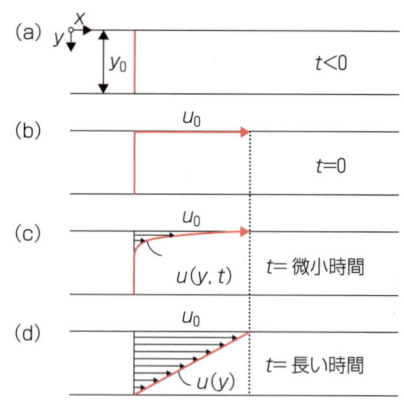

図10.1 平行平面間に挟まれた流体の速度分布変化

(a) 平面間に流体を満たし，すべてが静止した状態．(b) 上部平面を速度 u で動かし始めた状態．(c) 流体が速度をもって動き始めた状態(非定常状態)．(d) 流体各層が安定した速度をもって動いている状態(定常状態)．

たとえば図10.1のような面積 A [m^2]，距離 y_0 [m] の2枚の平行平面の間に流体を入れ，上部平面を力 F [N] により，一定速度 u_0 [m·s^{-1}] で水平に動かす場合を考えてみよう(下部平面は固定)．上部平面に力を加えて動かすと上部平面に接した流体層が上部平面と同じ速度で移動を始め，下層の流体もそれに引きずられて動き始める．最終的には流体全体が動き始めるが，下部平面に接している流体は下部平面とともに静止したままになり，**定常状態**(steady state)に達したとき，流体内の各層の速度は図10.1で示したような分布となる．このとき，下部平面からの距離が y [m] の流体速度を u [m·s^{-1}] とすると

$$\frac{F}{A} = \mu \frac{u_0}{y_0} = \mu \frac{u}{y} \tag{10.1}$$

が成り立つ．よって，力は平面面積と速度に比例し，平面間距離に反比例する．比例定数 μ は流体の特性を表し，粘性係数または粘度と定義される．

F/A [Pa(= N·m^{-2})] は上部平面の単位面積あたりに加えられた力であり，単位面積の上部平面に接する流体の抵抗力である．さらに，これは平面に平行な流体内の面に生じる**せん断応力**(shearing stress)である．ここで，式(10.1) の F/A を τ_{yx}(y 軸方向に垂直な平面にかかる力の x 軸方向成分)[Pa]で置き換えよう．さらに，式(10.1) の u/y を $-\mathrm{d}u/\mathrm{d}y$ と置き換えると，τ_{yx} は

$$\tau_{yx} = -\mu \frac{\mathrm{d}u}{\mathrm{d}y} \tag{10.2}$$

と書き換えられる(せん断応力が負になっていることから，流れと逆方向に応力がかかることが式からわかるだろう)．この式は，単位面積あたりのせん断応力が**負の速度勾配**(velocity gradient)に比例することを示し(図10.2A)，こ

☞ one rank up!
定常状態
任意の位置における温度，圧力，流速，濃度，その他の物理量の値が時間によって変化しない状態のことである．

☞ one rank up!
せん断応力
ずれに伴い，互いに平行で向きが逆に生じる応力のこと．

A ニュートン流体
B ビンガム流体
C 擬塑性流体
D ダイラタント流体

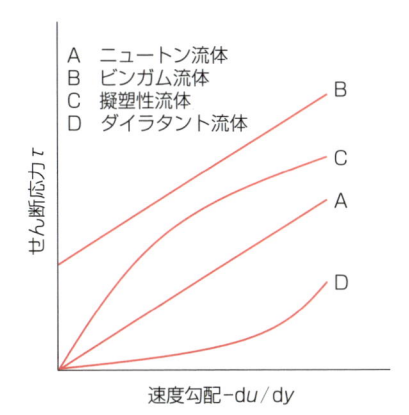

図 10.2 流体種類と流動曲線

本書では，Newton 流体以外の非 Newton 流体(non-Newtonian fluid)(ポリマー溶液，ペースト，スラリーなど)の流動は詳細には取り上げないが，ここで簡単に紹介する．図 10.2 のようなせん断応力 τ と速度勾配 $-du/dy$ の関係を表す図を流動曲線と呼ぶ．Newton 流体の場合，この関係は原点を通る傾きが粘性係数 μ となる直線になる．一方，非 Newton 流体は図 10.2 の B〜D に示すように A とは異なる挙動を示す．まず，B はビンガム流体(Bingham fluid)であり，せん断応力がある一定の大きさに達したところから直線関係を示す流体である．固体粒子の懸濁液(スラリー)や粘土などがそれにあたる．C は擬塑性流体(pseudo-plastic fluid)と呼ばれ，コロイド溶液，高分子ポリマーなどがこのような曲線を示す．D はせん断応力が大きくなるほど流れにくくなる性質を示すダイラタント流体(dilatant fluid)と呼ばれるものであり，水を含んだ砂やデンプンなどがその挙動を示す．このダイラタント流体を使うと人間が水の上を走れたりする(実際に，ダイラタント流体の上を人間が走れることを紹介した TV 番組を著者も見たことがある)．

れを **Newton の粘性法則**(Newton's law of viscosity)と呼ぶ．分子量が5000より小さい空気や水のようなすべての流体(気体または液体)は式(10.2)に従い，それらの流体を **Newton 流体**(Newtonian fluid)と呼ぶ．

10.1.2 粘性係数の単位

さて，ここで粘性係数 μ の単位についてみてみよう．式(10.2)を次のように変形し，それぞれの単位を SI 単位系で表せば粘性係数 μ の単位が定義できる．すなわち，τ_{yx} の単位は $[\mathrm{Pa}(=\mathrm{N \cdot m^{-2}})]$，$u$ は $[\mathrm{m \cdot s^{-1}}]$，そして y は $[\mathrm{m}]$ だから

$$\mu = -\tau_{yx}\left(\frac{dy}{du}\right) = -\tau_{yx}[\mathrm{Pa}]\left(\frac{dy\,[\mathrm{m}]}{du\,[\mathrm{m \cdot s^{-1}}]}\right)$$

$$= -\tau_{yx}\left(\frac{dy}{du}\right)\left(\frac{[\mathrm{Pa}][\mathrm{m}][\mathrm{s}]}{[\mathrm{m}]}\right) = -\tau_{yx}\left(\frac{dy}{du}\right)[\mathrm{Pa \cdot s}] \qquad (10.3)$$

となり，粘性係数 μ の単位が $[\mathrm{Pa \cdot s}]$ であることが定義できた．これを c.g.s. 単位系で表すと，$1\,[\mathrm{Pa \cdot s}] = 10\,[\mathrm{g \cdot cm^{-1} \cdot s^{-1}}]$ となる．$[\mathrm{g \cdot cm^{-1} \cdot s^{-1}}]$ は $[\mathrm{P}]$ (ポイズ，poise)という単位で表される．$1\,\mathrm{mPa \cdot s} = 1\,\mathrm{cP}$．

一般に，温度の上昇に伴って気体の粘度は増加し，逆に液体の粘度は減少す

る傾向にある．20 ℃における空気の粘度は 1.8×10^{-5} Pa·s($= 18$ μPa·s)，水の粘度は 1×10^{-3} Pa·s($= 1$ mPa·s $= 1$ cP)である．また，グリセロールが 1 Pa·s 程度である．

> **例題 10.1** 2枚の平行に置かれた平面平板間 1.0 mm に流体が満たされている．このとき，図 10.1 のように上の平面を水平に一定速度(u_0)0.50 m·s^{-1}で正の x 軸方向に動かした．定常状態であるとき，この流体のせん断応力 τ_{yx} を求めよ．ただし，流体粘度は 0.80 cP とする．
>
> **【解答】** 式(10.2)を適用すればよいが，まず単位系を統一する必要がある．すべて SI 単位系に変換して，$y_0 = 1.0$ mm $= 1.0 \times 10^{-3}$ m，$\mu = 0.80$ cP $= 0.80$ mPa·s $= 8.0 \times 10^{-4}$ Pa·s となる．
>
> $$\frac{du}{dy} = \frac{\Delta u}{\Delta y} = \frac{-0.50 \text{ m·s}^{-1}}{1.0 \times 10^{-3} \text{ m}} = -500 \text{ s}^{-1} \quad \text{①}$$
>
> 式(10.2)に代入すると
>
> $$\tau_{yx} = -\mu \frac{du}{dy} = -(8.0 \times 10^{-4})(-500) = 0.40 \text{ Pa}$$

10.2 連続の式とベルヌーイの定理

10.2.1 連続の式

流体が円管内を満たし連続的に定常状態で流れているとき，単位時間あたりに流れる流体の体積を**体積流量**(volumetric flow rate)と呼び，v [m^3·s^{-1}] で表す．管内を流れる流体の流速は流れの状態により大きく変わり一様ではないため，**平均流速**(average velocity)$\bar{u}$ [m·s^{-1}] を用いて一様な流速として取り扱う．この流体が管断面積 S [m^2]，管内径 d [m] の中を流れているとき，平均流速 $\bar{u}$ [m·s^{-1}] は次の式で計算できる．

$$\bar{u} = \frac{v}{S} = \frac{v}{\frac{\pi}{4}d^2} \tag{10.4}$$

また，単位時間あたりに流れる流体の質量を**質量流量**(mass flow rate)と呼び，w [kg·s^{-1}] で表す．流体の密度を ρ [kg·m^{-3}] とすると，次のように計算できる．

$$w = v\rho = S\bar{u}\rho \tag{10.5}$$

10.2 連続の式とベルヌーイの定理

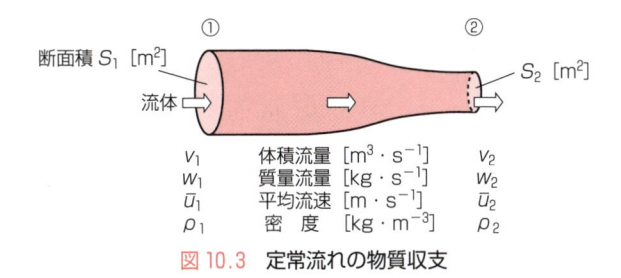

断面積 S_1 [m²]
流体
① ②
S_2 [m²]

v_1	体積流量 [m³·s⁻¹]	v_2
w_1	質量流量 [kg·s⁻¹]	w_2
$\bar{u}_1$	平均流速 [m·s⁻¹]	$\bar{u}_2$
ρ_1	密度 [kg·m⁻³]	ρ_2

図 10.3 定常流れの物質収支

この流体は定常状態で管内を流れているので，この管の内径が図 10.3 のように d_1 [m] から d_2 [m] に変化しても，①地点を流れる流体と②地点を流れる流体の質量流量は変化しない（よって，$w_1 = w_2 = w$）．したがって，この関係は次のように書き直すことができる．

$$S_1 \bar{u}_1 \rho_1 = S_2 \bar{u}_2 \rho_2 = w \tag{10.6}$$

この式(10.6)を**連続の式**(equation of continuity)という．

液体のような非圧縮性流体の場合，密度は一定（$\rho_1 = \rho_2$）とみなせるので，式(10.6)から

$$S_1 \bar{u}_1 = S_2 \bar{u}_2 = v \tag{10.7}$$

と表すことができ，体積流量 v [m³·s⁻¹] が任意の断面において一定となる．

式(10.6)の連続の式のように，管路，装置，プラントの一部または全体に適用して得られる着目物質の出入りの収支関係を**物質収支**(mass balance)という．第 3 章で学習したように，物質収支は**単位操作**(unit operation)を理解するうえでとても重要である．

例題 10.2 内径 $d_1 = 100$ mm の管 1 と内径 $d_2 = 50$ mm の管 2 が接続されており，その中を 20 ℃ の水が定常状態で流れている．管 1 における平均流速 $\bar{u}_1$ が 1.0 m·s⁻¹ であったとき，管 2 を流れる流体の平均流速 $\bar{u}_2$ [m·s⁻¹]，管路を流れる水の 1 時間あたりの体積流量 v [m³·h⁻¹]，および質量流量 w [kg·h⁻¹] をそれぞれ求めよ．ただし，管 1 および管 2 を流れる水の密度 ρ は 1.0 g·cm⁻³ 一定であるとする．

【解答】 管路内を流れる水の密度 ρ は一定なので，式(10.7)を適用して，管 2 を流れる流体の平均流速 $\bar{u}_2$ [m·s⁻¹] を求めることができる．まず，式に代入する値の単位をすべて SI 単位系に置き換える必要がある．

水の密度 ρ を [g·cm⁻³] から [kg·m⁻³] に，内径を [mm] から [m] へ変換すると

水の密度：$1.0 \dfrac{\text{g}}{\text{cm}^3} = 1.0 \dfrac{10^{-3}\,\text{kg}}{10^{-6}\,\text{m}^3} = 1.0 \times 10^3 \dfrac{\text{kg}}{\text{m}^3}$

内径：$d_1 = 100\,\text{mm} = 100 \times 10^{-3}\,\text{m},\ d_2 = 50\,\text{mm} = 50 \times 10^{-3}\,\text{m}$

式(10.7)を平均流速 $\bar{u}_2$ について整理してそれぞれ値を代入すると，平均流速 $\bar{u}_2$ は

$$\bar{u}_2 = \dfrac{S_1}{S_2} \cdot \bar{u}_1 = \dfrac{\frac{\pi}{4}d_1^{\,2}}{\frac{\pi}{4}d_2^{\,2}} \cdot \bar{u}_1 = \left(\dfrac{d_1}{d_2}\right)^2 \cdot \bar{u}_1 = \left(\dfrac{0.1}{0.05}\right)^2 \cdot 1.0 = 4.0\,\text{m}\cdot\text{s}^{-1}$$

管1，2内を流れる水の密度が一定なので，管路を流れる流量は管1，2の内径に関係なく等しい．

式(10.7)より体積流量 $v\,[\text{m}^3\cdot\text{h}^{-1}]$ を求める．

$$v = S_1\bar{u}_1 = \dfrac{\pi}{4}d_1^{\,2} \cdot \bar{u}_1 = \dfrac{\pi}{4}(0.10)^2 \times 1.0 = 7.854 \times 10^{-3}\,\text{m}^3\cdot\text{s}^{-1}$$

$$= 7.854 \times 10^{-3}\,\dfrac{\text{m}^3}{\text{s}} \cdot \dfrac{60\,\text{s}}{1\,\text{min}} \cdot \dfrac{60\,\text{min}}{1\,\text{h}} = 28.3\,\text{m}^3\cdot\text{h}^{-1}$$

式(10.6)より質量流量 $w\,[\text{kg}\cdot\text{h}^{-1}]$ を求める．

$$w = S_1\bar{u}_1\rho_1 = v\rho = 28.3 \times 1.0 \times 10^3 = 2.83 \times 10^4\,\text{kg}\cdot\text{h}^{-1}$$

10.2.2 ベルヌーイの定理

化学プロセス，化学装置で管路内に流体を流すとき，第6章で学習したような熱によるエネルギー収支だけでなく，流体の位置エネルギー，運動エネルギー，機械的仕事などを考慮する必要がある．第6章では熱収支（エンタルピー収支）は単位物質量あたりの値 $[\text{J}\cdot\text{mol}^{-1}]$ を用いたが，流体を取り扱うこの章では個々の成分についてではなく，一つの流体として考えるほうが便利なので，単位質量あたりのエンタルピーである $H_\text{m}\,[\text{J}\cdot\text{kg}^{-1}]$ で表す．

そこで図10.4に示すような，基準面からそれぞれ Z_1, $Z_2\,[\text{m}]$ の高さにある管路の断面①から断面②へ流体が定常状態で流れるときの管路系について考えてみよう．管路の①，②における流体の平均流速を $\bar{u}_1$, $\bar{u}_2\,[\text{m}\cdot\text{s}^{-1}]$，圧力を P_1, $P_2\,[\text{Pa}]$，比容積を $v_{\text{m}1}$, $v_{\text{m}2}\,[\text{m}^3\cdot\text{kg}^{-1}]$，内部エネルギー（流体1 kg あたり）を $U_{\text{m}1}$, $U_{\text{m}2}\,[\text{J}\cdot\text{kg}^{-1}]$，さらに管路①〜②間で流体1 kg がポンプ（またはブロワ）により与えられた機械的エネルギー，および加熱器により与えられた熱エネルギーをそれぞれ W_m, $Q_\text{m}\,[\text{J}\cdot\text{kg}^{-1}]$ とする．通常，系に与えられる機械的エネルギー，熱エネルギー，または内部エネルギーは W, Q, $U\,[\text{J}\cdot\text{s}^{-1}]$ で表す．W_m, Q_m, $U_\text{m}\,[\text{J}\cdot\text{kg}^{-1}]$ と W, Q, $U\,[\text{J}\cdot\text{s}^{-1}]$ の関係は，質量流量 $w\,[\text{kg}\cdot\text{s}^{-1}]$ を用いて

> **one rank up !**
> **添え字の m の意味**
> H_m の下添え字の m は mass（質量）の略であり，エンタルピーが単位質量あたりであることをよりわかりやすくするためにつけてある．

10.2 連続の式とベルヌーイの定理

①	平均流速	[m·s⁻¹]	②
$\bar{u}_1$	平均流速	[m·s⁻¹]	$\bar{u}_2$
P_1	圧力	[Pa]	P_2
v_{m1}	比容積	[m³·kg⁻¹]	v_{m2}
U_{m1}	内部エネルギー	[J·kg⁻¹]	U_{m2}

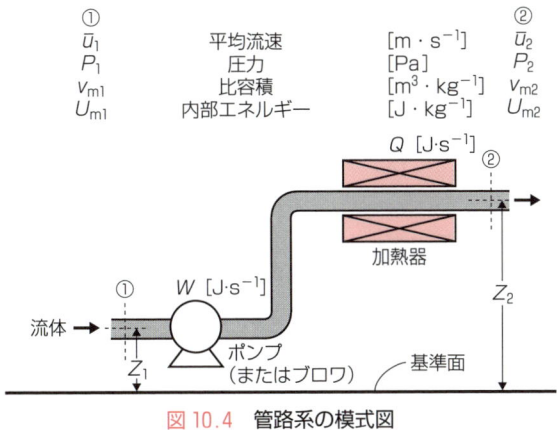

図 10.4 管路系の模式図

それぞれ次のように表される．

$$W_m = \frac{W}{w}, \quad Q_m = \frac{Q}{w}, \quad U_m = \frac{U}{w} \tag{10.8}$$

それぞれのエネルギーを詳細に見ていこう．

(1) 位置エネルギー(potential energy)

1 kg の物体が基準面から高さ Z [m] にあるとき，物体は $g \cdot Z$ [J·kg⁻¹] の位置エネルギーをもつ．ここで g は重力加速度を表し，$g = 9.8$ m·s⁻² である．

$$（位置エネルギー）= g \cdot Z \tag{10.9}$$

(2) 運動エネルギー(kinetic energy)

1 kg の物体が速度 $\bar{u}$ [m·s⁻¹] で運動しているとき，物体は $\bar{u}^2/2$ [J·kg⁻¹] の運動エネルギーをもつ．

$$（運動エネルギー）= \frac{\bar{u}^2}{2} \tag{10.10}$$

(3) 圧力エネルギー(pressure energy)

流体が管路を流れるためには，管路断面に作用する圧力に逆らって仕事をする必要がある．それに対応するエネルギーを圧力エネルギーと呼び，その大きさは圧力 P [Pa] と比容積（流体 1 kg の体積）v_m [m³·kg⁻¹] の積で与えられる．

$$（圧力エネルギー）= P \cdot v_m = \frac{P}{\rho} \tag{10.11}$$

☞ one rank up !
比容積と密度の関係
比容積 v_m [m³·kg⁻¹] は，密度 ρ [kg·m⁻³] の逆数である．すなわち，$v_m = 1/\rho$ である．

（4）内部エネルギー（internal energy）

物質内部での分子・原子の運動によるエネルギーを内部エネルギーと呼び，温度の関数である．その大きさは U_m [J·kg^{-1}] で表される．

$$（内部エネルギー）= U_\mathrm{m} \tag{10.12}$$

（5）外部から加えられるエネルギー

1 kg の流体を流すのに必要な仕事がポンプ（またはブロワ）により与えられたり，加熱器により熱が供給されたりする．そのような機械的エネルギー，熱エネルギーをそれぞれ W_m, Q_m [J·kg^{-1}] と表し，それらの総和が外部から加えられたエネルギーとなる．

$$（外部から加えられるエネルギー）= W_\mathrm{m} + Q_\mathrm{m} \tag{10.13}$$

図 10.4 の管路の断面①を通過する流体のもつエネルギーと断面①から断面②までの区間で加えられたエネルギーなどをすべて加えたエネルギーの和が，断面②を通過する流体のもつエネルギーに等しくなる（エネルギー不滅の法則）．この断面①から断面②までの系におけるエネルギー収支式は次のようになる．

$$gZ_1 + \frac{\bar{u}_1^2}{2} + P_1 v_\mathrm{m1} + U_\mathrm{m1} + W_\mathrm{m} + Q_\mathrm{m} = gZ_2 + \frac{\bar{u}_2^2}{2} + P_2 v_\mathrm{m2} + U_\mathrm{m2} \tag{10.14}$$

この式(10.14)を**全エネルギー収支**（total energy balance）の式という．

断面①から断面②の間で外部からの仕事や熱がなく，系の温度が等温に保たれる場合は，$W_\mathrm{m} = 0$, $Q_\mathrm{m} = 0$, $U_\mathrm{m1} = U_\mathrm{m2}$ が成り立つ．したがって，このとき式(10.14)は次のように簡単になる．

$$gZ_1 + \frac{\bar{u}_1^2}{2} + P_1 v_\mathrm{m1} = gZ_2 + \frac{\bar{u}_2^2}{2} + P_2 v_\mathrm{m2} \tag{10.15}$$

この式は位置，運動，圧力の各エネルギーの和が一定であることを示したもので，**ベルヌーイ**（Bernoulli）**式**の基本形である．

さらに，式(10.15)の両辺を重力加速度 g で割ると，次式が得られる．

$$Z_1 + \frac{\bar{u}_1^2}{2g} + \frac{P_1 v_\mathrm{m1}}{g} = Z_2 + \frac{\bar{u}_2^2}{2g} + \frac{P_2 v_\mathrm{m2}}{g} \tag{10.16}$$

この式のそれぞれの項を頭（とう）またはヘッド（head）と呼ぶ．Z を**位置ヘッド**（potential head），$\bar{u}^2/2g$ を**速度ヘッド**（velocity head），Pv_m/g を**静圧ヘッド**（static head）という．各項は長さ[m]の次元をもっており，各エネルギー項の大きさが高さ[m]で表されていることになる．

☞ **one rank up !**
ベルヌーイ式
流体の単位質量あたりのエネルギー保存則を表した式で，式(10.15)，式(10.16)の右辺（または左辺）が一定であることを示す式である．すなわち，位置エネルギー，運動エネルギー，圧力エネルギーの総和が常に一定であることを示している．

例題 10.3 図10.5のように大きなタンクに入れた水が，底部に接続されたホースの先から流出している．基準面からタンク水面までの高さが11 m，ホース先端の高さが1.0 mであるとき，流出する水の平均流速を求めよ．ただし，水が流出しても水面位置は変わらず，抵抗などを無視してよい．

【解答】 タンク水面，ホース先端をそれぞれ①，②とすると，$Z_1 = 11$ m，$Z_2 = 1.0$ mである．また，①において，水面位置は水が流出しても変化しないので，平均流速 $\bar{u}_1$ は 0 m·s^{-1} である．さらに，①，②ともに大気に開放されているので，$P_1 = P_2$（=大気圧）である．ベルヌーイ式（式10.16）を適用し，これらの条件を代入すると，次式が得られる．

$$Z_1 = Z_2 + \frac{\bar{u}_2^2}{2g} \qquad ①$$

これを平均流速 $\bar{u}_2$ について解き，それぞれ与えられた値を代入すると

$$\bar{u}_2 = \sqrt{2g(Z_1 - Z_2)} = \sqrt{2 \times 9.8 \times (11-1)} = 14 \text{ m·s}^{-1} \qquad ②$$

式②の $Z_1 - Z_2 = h$ [m] とおいて式を書きかえると

$$\bar{u} = \sqrt{2gh} \qquad ③$$

となる．この式③をトリチェリ（Torricelli）の定理という．この速度は高さ h [m] から物体を自由落下させたときの速度に等しくなる．

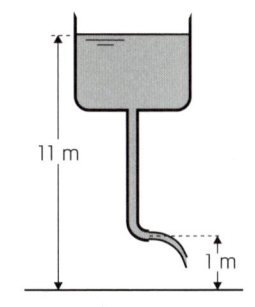

図10.5 大きなタンクからの水の流出

10.2.3 機械的エネルギー収支

全エネルギー収支式（式10.14）の圧力エネルギー $P \cdot v_m$ と内部エネルギー U_m との和は，流体 1 kg あたりのエンタルピー（enthalpy）である H_m [J·kg^{-1}] に等しいことから，$H_m = P \cdot v_m + U_m$ と書ける．この関係から，式(10.14)は次のように書きかえられる．

$$gZ_1 + \frac{\bar{u}_1^2}{2} + H_{m1} + W_m + Q_m = gZ_2 + \frac{\bar{u}_2^2}{2} + H_{m2} \qquad (10.17)$$

流体が断面①から断面②まで流れるとき，流体がもつ機械的エネルギーの一部が流体の粘性による内部摩擦などによって熱エネルギーに変化し，**エネルギー損失**（energy loss）が生じる．この場合のエネルギー損失を摩擦損失と呼ぶ．

系に加えられた熱エネルギーと摩擦損失の和は，閉じた系の熱力学第一法則より「1 kg あたりの流体の内部エネルギーの増加量」と「流体が圧力 P_1，体積

> **one rank up！**
> **熱力学第一法則**
> エネルギー保存の法則とも呼ばれ，「系が状態変化するときに交換される熱や加えられる仕事などによるエネルギーの総変化量は，状態変化の経路には無関係であり，最初と最後の状態により決定される」と述べられる．すなわち，ある孤立系の中のエネルギーの総量は変化しないことを示している．

v_{m1} から圧力 P_2, 体積 v_{m2} へ変化したときに行った仕事」との和に等しい. したがって, 摩擦損失を F_m [J·kg^{-1}]で表すと, 次式が成立する.

$$Q_m + F_m = (U_{m2} - U_{m1}) + \int_{v_{m1}}^{v_{m2}} P \mathrm{d}v_m \tag{10.18}$$

この関係式を式(10.14)に代入すると次式になる.

$$gZ_1 + \frac{\bar{u}_1^2}{2} + P_1 v_{m1} + W_m + \int_{v_{m1}}^{v_{m2}} P \mathrm{d}v_m = gZ_2 + \frac{\bar{u}_2^2}{2} + P_2 v_{m2} + F_m \tag{10.19}$$

さらに, $P_2 v_{m2} - P_1 v_{m1} = \int_{v_{m1}}^{v_{m2}} P \mathrm{d}v_m + \int_{P_1}^{P_2} v_m \mathrm{d}P$ の関係を用いると, 次式になる.

$$gZ_1 + \frac{\bar{u}_1^2}{2} + W_m = gZ_2 + \frac{\bar{u}_2^2}{2} + \int_{P_1}^{P_2} v_m \mathrm{d}P + F_m \tag{10.20}$$

この式(10.20)を**機械的エネルギー収支**(mechanical energy balance)式, またはベルヌーイ式の一般形と呼ぶ.

　管路を流れる流体が液体のような非圧縮性流体の場合には, 断面①と断面②の間の比容積 v_m は一定と考えられるので, $\int_{v_{m1}}^{v_{m2}} P \mathrm{d}v_m = 0$ および $\int_{P_1}^{P_2} v_m \mathrm{d}P = (P_2 - P_1) v_m$ となり, 式(10.19), (10.20)は次式になる.

$$gZ_1 + \frac{\bar{u}_1^2}{2} + P_1 v_m + W_m = gZ_2 + \frac{\bar{u}_2^2}{2} + P_2 v_m + F_m \tag{10.21}$$

ここで, この式(10.21)を W_m について解くと次式が得られる.

$$W_m = g(Z_2 - Z_1) + \frac{\bar{u}_2^2 - \bar{u}_1^2}{2} + (P_2 - P_1) v_m + F_m \tag{10.22a}$$

また, v_m [m^3·kg^{-1}]は, 密度 ρ [kg·m^{-3}]の逆数, すなわち $v_m = 1/\rho$ なので

$$W_m = g(Z_2 - Z_1) + \frac{\bar{u}_2^2 - \bar{u}_1^2}{2} + \frac{(P_2 - P_1)}{\rho} + F_m \tag{10.22b}$$

　一方, 気体の場合には, 温度, 圧力の差によって流体の体積増減が激しいため, 非圧縮性としての式(10.21)は成立しない. しかし, 圧力, 温度変化が微小で, 比容積 v_m, または密度 ρ の変化が比較的小さい場合には, 断面①と断面②における比容積 v_m, または密度 ρ の算術平均, すなわち $v_{m \cdot av} = (v_{m1} + v_{m2})/2$ または $\rho_{av} = (\rho_1 + \rho_2)/2$ を用いることができ, 式(10.22a), (10.22b)はそれぞれ次のような式で表すことができる.

$$W_m = g(Z_2 - Z_1) + \frac{\bar{u}_2^2 - \bar{u}_1^2}{2} + (P_2 - P_1) v_{m \cdot av} + F_m \tag{10.23a}$$

$$W_{\mathrm{m}} = g(Z_2 - Z_1) + \frac{\bar{u}_2^2 - \bar{u}_1^2}{2} + \frac{(P_2 - P_1)}{\rho_{\mathrm{av}}} + F_{\mathrm{m}} \qquad (10.23\mathrm{b})$$

式(10.22a)と(10.22b),または式(10.23a)と(10.23b)より,流体 1 kg を輸送するために必要な仕事 W_{m} [J·kg^{-1}]が計算できる.さらに,式(10.8)を用いると,系に加えるべき仕事 W [J·s^{-1}]を求めることができる.

例題 10.4 図 10.6 のように,大きなタンクに入れた水を内径 25.0 cm の管を用いて 30.0 m^3·h^{-1} の割合で,高さ 20.0 m まで汲み上げる.この系における摩擦損失が 10.0 J·kg^{-1} であるとき,ポンプによって水 1.00 kg に与えなければならないエネルギーを求めよ.

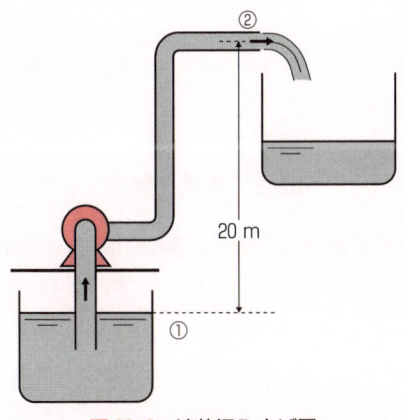

図 10.6 流体汲み上げ図

【解答】 図 10.6 のように,タンク水面を①,管の先端を②とすると,$Z_2 - Z_1 = 20.0$ m である.また①において,タンク水面は十分広いので,水を汲み上げても水面の位置は変化しないことから,平均流速 $\bar{u}_1$ は 0 m·s^{-1} である.さらに,①,②ともに大気に開放されているので,$P_1 = P_2$(=大気圧)である.

一方,管の先端②から流出する水の流速 $\bar{u}_2$ は,式(10.4)より求められる.まず,②から流出する水の体積流量が 30.0 m^3·h^{-1},管の内径が 25.0 cm で与えられているので,単位を[m^3·s^{-1}]と[m]にそれぞれ変換する必要がある.

$$v = 30.0 \frac{\mathrm{m}^3}{\mathrm{h}} \cdot \frac{1\,\mathrm{h}}{3600\,\mathrm{s}} = \frac{30.0\,\mathrm{m}^3}{3600\,\mathrm{s}} = 8.33 \times 10^{-3}\,\mathrm{m}^3 \cdot \mathrm{s}^{-1}$$

$$d_2 = 25.0\,\mathrm{cm} \cdot \frac{1\,\mathrm{m}}{100\,\mathrm{cm}} = \frac{25.0\,\mathrm{m}}{100} = 0.250\,\mathrm{m}$$

これらを式(10.4)に代入して

$$\bar{u}_2 = \frac{v}{S_2} = \frac{v}{\frac{\pi}{4}d_2^2} = \frac{8.33 \times 10^{-3}}{\frac{\pi}{4}(0.250)^2} = 0.170\,\text{m}\cdot\text{s}^{-1}$$

水は非圧縮性流体として考えてよいので，式(10.22a)のベルヌーイ式を適用し，これらの条件を代入すると

$$W_\text{m} = g(Z_2 - Z_1) + \frac{\bar{u}_2^2 - \bar{u}_1^2}{2} + (P_2 - P_1)v_\text{m} + F_\text{m}$$

$$= 9.8 \times 20 + \frac{0.170^2 - 0^2}{2} + 10.0 = 206\,\text{J}\cdot\text{kg}^{-1}$$

以上のようにして，$W_\text{m} = 206\,\text{J}\cdot\text{kg}^{-1}$ が求まる．

10.3　層流と乱流

　流体の流れは，その流動挙動によって**層流**(laminar flow)と**乱流**(turbulent flow)の二つに分けられる．このような流れの違いを1880年代に系統的に研究したのがレイノルズ(Reynolds)である．図10.7に示すような実験装置を用いて，流れの中に色水を流すことで流れを可視化した．層流，乱流はそれぞれ次のように説明される(図10.8)．

☞ **one rank up !**
Osborne Reynolds
1842〜1912．イギリスの物理学者．流れを層流と乱流とに区別するとともに，図10.7に示す装置で行った研究結果から，力学的相似性を支配する無次元数であるレイノルズ数(Re)を導いた．

図10.7　レイノルズの実験装置図
可視化染料を注入．O. Reynolds, "An experimental investigation of the circumstances which determine whether the motion of water shall be direct of sinuous, and the law of resistance in parallel channels," *Philos. Trans. R. Soc. London*, *Ser. A 174*, **935** (1883).

図 10.8　流動の状態と速度分布
(a) 層流，(b) 乱流，(c) 層流の速度分布，(d) 乱流の速度分布．

層流：流体の各粒子が流れ方向に向かって全て平行に動く流れ
乱流：流体が主流以外の方向にも分速度を持ち，その大きさが絶えず変化する乱れた流れ

流れが層流か乱流であるかは，**レイノルズ数**(Reynolds number) Re という無次元数の大小により判別される．レイノルズ数は，次のように表される．

$$Re = \frac{d\bar{u}\rho}{\mu} \tag{10.24}$$

(d：管径[m]，$\bar{u}$：平均流速[m・s^{-1}]，ρ：流体密度[kg・m^{-3}]
μ：粘度[Pa・s])

$Re < 2100$ の流れを層流，$Re > 4000$ の流れを乱流という．$2100 < Re < 4000$ では流れは不安定で，この範囲は**遷移域**(transition region)の流れと呼ばれる．

管路の断面が円形でない場合，管径 d の代わりに，**相当直径**(equivalent diameter) d_e を用いる．相当直径 d_e は次のように表すことができる．

$$d_e = \frac{4S}{L} \tag{10.25}$$

(S：流れの断面積[m^2]，L：流体の接触している壁の長さ[m])

たとえば，図 10.9 のような(a)環状路，(b)開溝の相当直径は次のようになる．

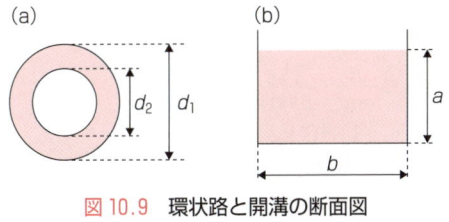

図 10.9　環状路と開溝の断面図
(a) 環状路，(b) 開溝．

one rank up !
レイノルズの実験

1883 年にレイノルズは入り口部に丸みをつけたガラス管内を流れる水に着色液を注入して管内部を観察した．すると，着色液は管内流の流量が小さい間は線状になって秩序よく流れていた(層流)が，ある流量を超えると急に乱れて拡散する(乱流)ことを示した．同じことを，流体の種類，管径，液流速をいろいろ変えて実験を行った結果，層流から乱流への移行条件は，式(10.24)によって与えられる無次元数によって支配されることを明らかにした．

環状路の場合： $d_e = \dfrac{4\dfrac{\pi}{4}(d_1^2 - d_2^2)}{\pi(d_1 + d_2)} = \dfrac{(d_1 + d_2)(d_1 - d_2)}{(d_1 + d_2)} = (d_1 - d_2)$

開溝の場合： $d_e = \dfrac{4ab}{2a + b}$

このように，d_e を用いれば，円管の場合と同様に取り扱うことができる．

> **例題10.5** 内径 10.0 mm の円管内を空気(粘度 18.0 μPa·s，密度 1.20×10^{-3} g·cm^{-3}) が平均流速 3.60 km·h^{-1} で流れている．このとき，流れは層流か乱流のいずれか答えよ．同様に，水(粘度 1.00 mPa·s，密度 1.00 g·cm^{-3}) を流したときの流れは層流か乱流か答えよ．

【解答】 円管内を流れる流体の状態が層流か乱流か判断するためには，式 (10.24) を用いて Re 数を計算すればよい．まず，式に代入するすべての値の単位を SI 単位系に置き換える必要がある．

空気の密度 ρ は [g·cm^{-3}] から [kg·m^{-3}]，内径は [mm] から [m]，平均流速は [km·h^{-1}] から [m·s^{-1}] へ変換すると

【空気の場合】

空気の密度： $\rho = 1.2 \times 10^{-3} \dfrac{\text{g}}{\text{cm}^3} \cdot \dfrac{1\,\text{kg}}{1000\,\text{g}} \cdot \dfrac{1 \times 10^6\,\text{cm}^3}{1\,\text{m}^3}$
$= 1.2 \times 10^{-3} \cdot \dfrac{1 \times 10^6\,\text{kg}}{1000\,\text{m}^3} = 1.2\,\dfrac{\text{kg}}{\text{m}^3}$

内径： $d = 10\,\text{mm} \dfrac{1\,\text{m}}{1000\,\text{mm}} = 0.010\,\text{m}$

平均流速： $\bar{u} = 3.6\,\dfrac{\text{km}}{\text{h}} \cdot \dfrac{1000\,\text{m}}{1\,\text{km}} \cdot \dfrac{1\,\text{h}}{60\,\text{min}} \cdot \dfrac{1\,\text{min}}{60\,\text{s}} = \dfrac{3600\,\text{m}}{3600\,\text{s}} = 1.0\,\dfrac{\text{m}}{\text{s}}$

空気の粘度： $\mu = 18.0 \times 10^{-6} = 1.8 \times 10^{-5}\,\text{Pa·s}$

式(10.24)にこれらの値を代入して

$$Re_{空気} = \dfrac{d\bar{u}\rho}{\mu} = \dfrac{0.010 \times 1.0 \times 1.2}{1.8 \times 10^{-5}} = 667 < 2100$$

以上から，レイノルズ数が 2100 より小さいので，流れは層流である．

【水の場合】

水の密度： $\rho = 1.0\,\dfrac{\text{g}}{\text{cm}^3} \cdot \dfrac{1\,\text{kg}}{1000\,\text{g}} \cdot \dfrac{1 \times 10^6\,\text{cm}^3}{1\,\text{m}^3}$
$= 1.0 \cdot \dfrac{1 \times 10^6\,\text{kg}}{1000\,\text{m}^3} = 1.0 \times 10^3\,\text{kg·m}^{-3}$

水の粘度： $\mu = 1.0 \times 10^{-3}\,\text{Pa·s}$

☞ **one rank up!**
粘度の記号と単位
粘度 μ は 18.0 μPa·s であり，記号 μ(ミューと読む)と接頭語 μ(= 10^{-6}，マイクロと読む)とを混同しないように．

同様に，式(10.24)にこれらの値を代入して

$$Re_* = \frac{d\bar{u}\rho}{\mu} = \frac{0.010 \times 1.0 \times 1.0 \times 10^3}{1.0 \times 10^{-3}} = 1.0 \times 10^4 > 4000$$

以上から，レイノルズ数が4000より大きいので，流れは乱流である．

10.3.1 円管内層流

図10.10のように，まっすぐな水平円管（半径 r_0 [m]）の中に非圧縮性流体を層流で連続的に流し，流れが定常状態にあるとする．液体中に半径 r [m]，長さ L [m]の円柱を横にしたものを置いたとき，この円柱に働く力のバランスを考えてみよう．

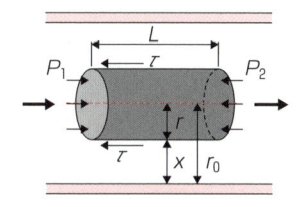

図10.10 層流の流体に作用する力

円柱の垂直方向断面積 πr^2 の両端面にはそれぞれ P_1, P_2 [Pa]が円柱に向かって作用する．表面積 $2\pi rL$ の円柱側面には流体の特性による内部摩擦力 τ [Pa]が流れと反対方向に働く．流れは定常流れなので，この円柱は一定速度で流れていて加速度が作用しない．したがって，圧力と内部摩擦力がつりあうので次式が成り立つ．

$$\pi r^2 (P_1 - P_2) = \pi r^2 \Delta P = 2\pi rL\tau \quad \therefore \quad \tau = \frac{\pi r^2 \Delta P}{2\pi rL} = \frac{\Delta P r}{2L} \quad (10.26)$$

ここで，式(10.2) $\tau_{yx} = -\mu du/dy$ が適用できることから，$\tau = -\mu du/dr$ となる．式(10.26)にこれを代入し，du について解くと次式が得られる．

$$du = -\frac{\Delta P}{2\mu L} r dr \quad (10.27)$$

これを境界条件 $r = r_0$；$u = 0$（10.1節を参照．管壁面に接する流体の速度は0）を用いて積分すると，円管内層流の速度分布を与える式として次式が得られる．

$$\int_0^u du = -\frac{\Delta P}{2\mu L} \int_{r_0}^r r dr$$

$$u = -\frac{\Delta P}{2\mu L} \int_{r_0}^r r dr = -\frac{\Delta P}{2\mu L} \cdot \left[\frac{r^2}{2}\right]_{r_0}^r = \frac{\Delta P}{4\mu L}(r_0^2 - r^2) \quad (10.28)$$

この式より，図10.8（c）のように層流の円管内流れの速度分布が二次関数の放物線となることがわかる．式(10.28)の流速は $r = 0$ のとき最大値となる．すなわち，円管の中心で流れの速度が最大となる．これを u_{max} とすると

$$u_{max} = \frac{\Delta P r_0^2}{4\mu L} \quad (10.29)$$

この u_{max} を式(10.28)に代入すると

$$u = \frac{\Delta P}{4\mu L}(r_0^2 - r^2) = \frac{\Delta P r_0^2}{4\mu L}\left(1 - \frac{r^2}{r_0^2}\right) = \frac{\Delta P r_0^2}{4\mu L}\left\{1 - \left(\frac{r}{r_0}\right)^2\right\} = u_{max}\left\{1 - \left(\frac{r}{r_0}\right)^2\right\} \quad (10.30)$$

となり，u を u_{max} を用いて表すことができる．

次に，式(10.28)は円管内の任意の r における流速を表すので，全断面の任意の点における流速をすべて足し合わせると体積流量となる．それは次式のように表され，積分することにより求められる．

$$v = \int_0^{r_0} u(2\pi r)\,dr = \int_0^{r_0} \frac{\Delta P}{4\mu L}(r_0^2 - r^2)(2\pi r)\,dr = \frac{\pi \Delta P}{2\mu L}\int_0^{r_0}(r_0^2 - r^2)r\,dr$$
$$= \frac{\pi \Delta P}{2\mu L}\int_0^{r_0}(rr_0^2 - r^3)\,dr = \frac{\pi \Delta P}{2\mu L}\left[\frac{r^2 r_0^2}{2} - \frac{r^4}{4}\right]_0^{r_0} = \frac{\pi \Delta P r_0^4}{8\mu L} \quad (10.31)$$

ここで，式(10.4)の $\bar{u} = v/S$ の関係から，求めた体積流量を円管断面積で割ることで平均流速 $\bar{u}$ が得られる．したがって，平均流速 $\bar{u}$ は

$$\bar{u} = \frac{v}{S} = \frac{\frac{\pi \Delta P r_0^4}{8\mu L}}{\pi r_0^2} = \frac{\Delta P r_0^2}{8\mu L} \quad (10.32\text{a})$$

と求まり，さらに，変形して u_{max} を用いると

$$\bar{u} = \frac{\Delta P r_0^2}{8\mu L} = \frac{1}{2}\cdot\frac{\Delta P r_0^2}{4\mu L} = \frac{1}{2}u_{max} \quad (10.32\text{b})$$

となり，平均流速 $\bar{u}$ は管中心の最大速度 u_{max} の 1/2 に等しい．この式(10.32a)を ΔP について整理し，書き直すと次のようになる．

$$\Delta P = \frac{8\mu L \bar{u}}{r_0^2} = \frac{8\mu L \bar{u}}{\left(\frac{d}{2}\right)^2} = \frac{32\mu L \bar{u}}{d^2} \quad (d:\text{管径[m]}) \quad (10.33)$$

この式は円管内層流における流体の内部摩擦に基づく圧力損失を表す式で，**ハーゲン・ポアズイユ(Hagen-Poiseuille)の式**という．圧力損失については第11章でさらに学習する．

10.3.2 円管内乱流

乱流の場合には，円管内の流れが定常状態であっても管内の任意の点の流速は絶えず変動しているため一定にはならない．しかし，乱れた運動による混合が起こるため，円管内全体で見ると層流の場合よりも均一に近い速度分布となる(図10.8d 参照)．

このように乱れた運動が起こるため，乱流の速度分布は層流のように解析的に求めることができないことから，実験結果に基づいた式が用いられる．その代表的なものとして，指数法則と対数法則により速度分布を定量的に表す式がある．本書では指数法則速度分布について紹介する．

指数法則速度分布は，管壁の近くを除くと実験結果とよく一致する実験式で，次式のように表される．

$$\frac{u}{u_{\max}} = \left(\frac{x}{r_0}\right)^{\frac{1}{n}} = \left\{1-\left(\frac{r}{r_0}\right)\right\}^{\frac{1}{n}} \tag{10.34}$$

ここで，n は Re 数と管壁面の粗さによって決まる定数である．最大流速 $u_{\max}$ と平均流速 $\bar{u}$ の間には次の関係が成り立つ．

$$\frac{u_{\max}}{\bar{u}} = \frac{\left(1+\frac{1}{n}\right)\left(2+\frac{1}{n}\right)}{2} \tag{10.35}$$

Re 数の増加に伴い n も増加し，特に Re 数が $2 \times 10^4 \sim 10^5$ の範囲では $n = 7$ が実験値とよく一致する．特に $n = 7$ の場合の関係は，1/7 乗則の速度分布と呼ばれる．

章末問題

1. 管 A（管径 10 mm）と管 B（管径 50 mm）の円管が接続されており，その中を密度 $800\ \mathrm{kg \cdot m^{-3}}$ の流体が定常状態で流れている．管 A における平均流速が $10.0\ \mathrm{m \cdot s^{-1}}$ であったとき，流体の質量流量 $[\mathrm{kg \cdot s^{-1}}]$，管 B を流れる流体の平均流速 $[\mathrm{m \cdot s^{-1}}]$，および体積流量 $[\mathrm{m^3 \cdot h^{-1}}]$ をそれぞれ求めよ．ただし，密度は変化しないものとする．

2. 大きなタンクに入れた水が，底部に接続されたホース（内径 5 cm）の先から，毎分 $1.17\ \mathrm{m^3}$ 流出している．このとき，水面からホース出口までの高低差は何 m か答えよ．ただし，水が流出しても水面位置は変わらず，抵抗などを無視してよい．

3. 大きな貯水タンクの底に内径 50 mm の円管が取りつけられており，その先端から $60\ \mathrm{m^3 \cdot h^{-1}}$ の水が大気中へ流出している．貯水タンク内の水面位置が円管の先端から 10 m 高い位置にあるとき，この管路におけるエネルギー損失はいくらか．ただし，水温は 20 ℃ とする．

4. 内径 20 cm の鋼管を用いて比重 1.20，粘度 1.40 mPa·s の液体を平均流速 $3.5\ \mathrm{m \cdot s^{-1}}$ で輸送している．このとき，流れの状態を答えよ．

5. 内径 30 mm の管内に $360\ \mathrm{kg \cdot h^{-1}}$ の流量で石油を流している．石油の粘度が 5.3 mPa·s であるとき，この管内を流れる石油の流動状態を答えよ．

第11章 流体の輸送

【この章の概要】

 管路を用いた流体輸送では，さまざまな原因によって機械的エネルギーの損失が起こる．このエネルギー損失以上のエネルギーを与えないと，流体は流れない．そのため，流体を輸送するときにどのようなエネルギー損失が起こるのかを考慮する必要がある．

 ここでは，直管内に流れる流体の摩擦によるエネルギー損失と，それ以外のエネルギー損失について見ていこう．

11.1 直管内流れの摩擦エネルギー損失と圧力損失

 前章で説明したように，流体と管壁面との摩擦および流体の内部摩擦により，管路を流れる流体の圧力は管が長くなるとともに低下する．このエネルギー損失を**摩擦エネルギー損失**(friction energy loss)という．

 まっすぐな水平管内に流体を流す場合，管路には外部からの仕事がなく $W_m = 0$ とし，$Z_1 = Z_2$, $\bar{u}_1 = \bar{u}_2$ なので，式(10.21)のベルヌーイ式から，管内2点での圧力損失 $\Delta P = P_1 - P_2$ と摩擦エネルギー損失 $F_{m\cdot f}$ との間には，次の関係が成り立つ．ここでは，後に説明するエネルギー損失と区別するために，F_m に friction energy loss の頭文字 f を下添え字に追加し，$F_{m\cdot f}$ [J·kg^{-1}] と表す．

$$\Delta P = P_1 - P_2 = \rho F_{m\cdot f} \tag{11.1}$$

管内2点間の摩擦圧力損失は実際の圧力低下に等しく，この式より，摩擦エネルギー損失 $F_{m\cdot f}$ に相当する圧力降下 ΔP [Pa] が求まる．

 流れが層流の場合の摩擦エネルギー損失 $F_{m\cdot f}$ [J·kg^{-1}] は，式(11.1)と前章で導出した式(10.33)のハーゲン・ポアズイユ式から，次式を用いて計算できる．

$$F_{\mathrm{m\cdot f}} = \frac{\Delta P}{\rho} = \frac{32\mu L \bar{u}}{\rho d^2} \tag{11.2}$$

　流れが乱流の場合には，摩擦エネルギー損失 $F_{\mathrm{m\cdot f}}$ [J·kg^{-1}] は，平均流速 $\bar{u}$ のほぼ2乗と管長さ L に比例し，管径 d に反比例することが知られており，次式が用いられる．

$$F_{\mathrm{m\cdot f}} = \frac{\Delta P}{\rho} = 4f\left(\frac{\bar{u}^2}{2}\right)\left(\frac{L}{d}\right) \tag{11.3}$$

この式を**ファニングの式**(Fanning's equation)という．ここで，比例定数 f は**摩擦係数**(friction factor)と呼ばれる無次元数で，Re 数と管壁面の粗さの関数である．その摩擦係数 f と Re 数との関係は図11.1に示す相関図で表される．

　図11.1は粗面管と平滑面管の二つに大きく分けて表されており，粗面管には鋼管，鋳鉄管，亜鉛引鉄管など，平滑面管にはガラス管，銅管，黄銅管，鉛管などがある．

　平滑面管に対しては，$Re < 10^5$ の範囲でブラジウス(Blasius)式が摩擦係数 f の実測値とよく一致しており，用いられる．

$$f = 0.0791\, Re^{-0.25} \tag{11.4}$$

　また層流の場合には，式(11.2)と式(11.3)から

$$\frac{32\mu L\bar{u}}{\rho d^2} = 4f\left(\frac{\bar{u}^2}{2}\right)\left(\frac{L}{d}\right)$$

$$\therefore\ f = \frac{d}{2\bar{u}^2 L}\cdot\frac{32\mu L\bar{u}}{\rho d^2} = \frac{16\mu}{\rho d\bar{u}} = \frac{16}{\dfrac{d\bar{u}\rho}{\mu}} = \frac{16}{Re} \tag{11.5}$$

となる．このように層流の場合でも，式(11.5)で求めた摩擦係数 f を用いることで，ファニングの式により摩擦エネルギー損失を計算することができる．

> ☞ **one rank up！**
> **ファニングの式**
> 流れが乱流の場合には，摩擦エネルギー損失が平均流速のほぼ2乗に比例して変化することが実験から知られている．それらを整理して得られた式がファニングの式である．

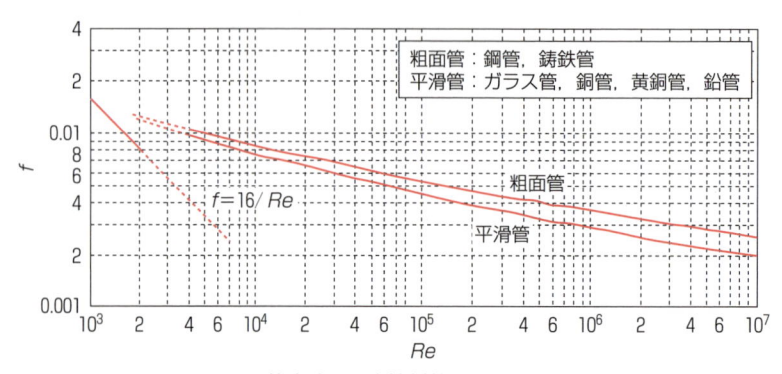

図11.1 円管内流れの摩擦係数 f と Re 数との関係

例題 11.1 内径 10 mm の水平に設置された平滑円管を用いて空気(粘度 18.0 μPa·s, 密度 1.20×10^{-3} g·cm^{-3})を平均流速 10.8 km·h^{-1} で流して 100 m 輸送する.このとき,摩擦によるエネルギー損失および圧力損失を求めよ.同様に,水(粘度 1.00 mPa·s,密度 1.00 g·cm^{-3})を輸送するとき,摩擦によるエネルギー損失および圧力損失を求めよ.

【解答】 摩擦によるエネルギー損失および圧力損失をファニングの式(式 11.3)を用いて求めるためには,例題 10.5 と同じように,円管内を流れる流体の状態が層流か乱流かをまず判断する必要がある.式(10.24)を用いて Re 数を計算すればよいので,式に代入するすべての値の単位を SI 単位系に置き換える.

【空気の場合】

空気の密度 ρ は [g·cm^{-3}] から [kg·m^{-3}], 内径は [mm] から [m] へ,平均流速は [km·h^{-1}] から [m·s^{-1}] へ変換すると

空気の密度:$\rho = 1.2 \times 10^{-3} \dfrac{\text{g}}{\text{cm}^3} \cdot \dfrac{1 \text{ kg}}{1000 \text{ g}} \cdot \dfrac{1 \times 10^6 \text{ cm}^3}{1 \text{ m}^3}$
$= 1.2 \times 10^{-3} \cdot \dfrac{1 \times 10^6 \text{ kg}}{1000 \text{ m}^3} = 1.2 \dfrac{\text{kg}}{\text{m}^3}$

内径:$d = 10 \text{ mm} \cdot \dfrac{1 \text{ m}}{1000 \text{ mm}} = 0.010 \text{ m}$

平均流速:$\bar{u} = 10.8 \dfrac{\text{km}}{\text{h}} \cdot \dfrac{1000 \text{ m}}{1 \text{ km}} \cdot \dfrac{1 \text{ h}}{60 \text{ min}} \cdot \dfrac{1 \text{ min}}{60 \text{ s}}$
$= \dfrac{10800 \text{ m}}{3600 \text{ s}} = 3.0 \dfrac{\text{m}}{\text{s}}$

空気の粘度:$\mu = 18.0 \times 10^{-6} = 1.8 \times 10^{-5}$ Pa·s

式(10.24)にこれらの値を代入して

$Re_{\text{空気}} = \dfrac{d \bar{u} \rho}{\mu} = \dfrac{0.010 \times 3.0 \times 1.2}{1.8 \times 10^{-5}} = 2000 < 2100$

Re 数が 2100 より小さいので,流れは層流である.よって,式(11.3)のファニングの式の摩擦係数 f は,式(11.5)で求めることができる.

$f = \dfrac{16}{Re} = \dfrac{16}{2000} = 8.0 \times 10^{-3}$

輸送する長さは 100 m なので,これらの値をファニングの式[*1] に代入すると摩擦エネルギー損失は次のように求まる.

*1 この場合,流れが層流なので,ハーゲン・ポアズイユ式を変形した式(11.2)からエネルギー損失を,ハーゲン・ポアズイユ式(式 10.33)から圧力損失をそれぞれ求めることもできる.

$$F_{\text{m·f空気}} = \frac{\Delta P}{\rho} = 4f\left(\frac{\bar{u}^2}{2}\right)\left(\frac{L}{d}\right) = 4 \times 8.0 \times 10^{-3}\left(\frac{3.0^2}{2}\right)\left(\frac{100}{0.010}\right)$$
$$= 1.44 \times 10^3 \text{ J·kg}^{-1}$$

さらに，圧力損失 $\Delta P = F_{\text{m·f}} \cdot \rho$ は，次のようになる．
$$\Delta P_{\text{空気}} = F_{\text{m·f空気}} \cdot \rho = 1.44 \times 10^3 \times 1.2 = 1.73 \times 10^3 \text{ Pa} = 1.73 \text{ kPa}$$

【水の場合】

水の密度：$1.0 \dfrac{\text{g}}{\text{cm}^3} \cdot \dfrac{1 \text{ kg}}{1000 \text{ g}} \cdot \dfrac{1 \times 10^6 \text{ cm}^3}{1 \text{ m}^3} = 1.0 \cdot \dfrac{1 \times 10^6 \text{ kg}}{1000 \text{ m}^3}$
$$= 1.0 \times 10^3 \dfrac{\text{kg}}{\text{m}^3}$$

水の粘度：$\mu = 1.0 \times 10^{-3}$ Pa·s

式(10.24)にこれらの値を代入して

$$Re_{\text{水}} = \frac{d\bar{u}\rho}{\mu} = \frac{0.010 \times 3.0 \times 1.0 \times 10^3}{1.0 \times 10^{-3}} = 3.0 \times 10^4 > 4000$$

レイノルズ数が4000より大きいので，流れは乱流である．よって，式(11.3)のファニングの式の摩擦係数fを，図11.1より読み取ると，$f = 0.006$[*2]である．

*2 この場合，式(11.4)のブラジウス式の条件を満たしているので，式(11.4)より摩擦係数fを求めることもできる．

$$F_{\text{m·f空気}} = \frac{\Delta P}{\rho} = 4f\left(\frac{\bar{u}^2}{2}\right)\left(\frac{L}{d}\right) = 4 \times 0.006\left(\frac{3.0^2}{2}\right)\left(\frac{100}{0.010}\right)$$
$$= 1.08 \times 10^3 \text{ J·kg}^{-1}$$

さらに，圧力損失 ΔP は，次のようになる．
$$\Delta P_{\text{水}} = F_{\text{m·f水}} \cdot \rho = 1.08 \times 10^3 \times 1.0 \times 10^3 = 1.08 \times 10^6 \text{ Pa} = 1.08 \text{ MPa}$$

前ページの*1より

$$F_{\text{m·f空気}} = \frac{\Delta P}{\rho} = \frac{32\mu L \bar{u}}{\rho d^2} = \frac{32 \cdot 1.8 \times 10^{-5} \cdot 100 \cdot 3.0}{1.2 \cdot 0.010^2} = 1.44 \times 10^3 \text{ J·kg}^{-1}$$

$$\Delta P_{\text{空気}} = \frac{32\mu L \bar{u}}{d^2} = F_{\text{m·f空気}} \cdot \rho = 1.44 \times 10^3 \times 1.2 = 1.73 \times 10^3 \text{ Pa} = 1.73 \text{ kPa}$$

*2 より

$$f = 0.0791 Re^{-0.25} = 0.0791 (3.0 \times 10^4)^{-0.25} = 6.01 \times 10^{-3}$$

11.2 摩擦エネルギー損失以外の機械的エネルギー損失

11.2.1 管路断面積の急激な変化による損失

(1) 急激な拡大

図 11.2（a）のように，急激に管路断面積が S_1 から S_2 に拡大し，その結果，平均流速が $\bar{u}_1$ から $\bar{u}_2$ に減少する場合のエネルギー損失 $F_{\mathrm{m \cdot e}}\,[\mathrm{J \cdot kg^{-1}}]$ は次式で表される．

$$F_{\mathrm{m \cdot e}} = \frac{(\bar{u}_1 - \bar{u}_2)^2}{2} = \left(1 - \frac{S_1}{S_2}\right)^2 \frac{\bar{u}_1^2}{2} \tag{11.6a}$$

また，$S_1/S_2 = \{(\pi/4)d_1^2\}\{(\pi/4)d_2^2\} = (d_1/d_2)^2$ より

$$F_{m \cdot e} = \left\{1 - \left(\frac{d_1}{d_2}\right)^2\right\}^2 \frac{\bar{u}_1^2}{2} \tag{11.6b}$$

とも書ける．この場合のように，管路の断面積が変化するときには，管が水平であってもエネルギー損失と圧力エネルギーの低下とは一致しなくなる．図 11.2（a）の断面①，②における圧力を P_1, P_2 とし，両断面間にベルヌーイ式（式10.21）を適用する．$Z_1 = Z_2$, $W_{\mathrm{m}} = 0$ とし，さらに $F_{\mathrm{m \cdot e}}$ に式(11.6a)を代入すると

$$gZ_1 + \frac{\bar{u}_1^2}{2} + P_1 v_{\mathrm{m}1} + W_{\mathrm{m}} = gZ_2 + \frac{\bar{u}_2^2}{2} + P_2 v_{\mathrm{m}2} + F_{\mathrm{m \cdot e}}$$

$$\frac{\bar{u}_1^2}{2} + P_1 v_{\mathrm{m}1} = \frac{\bar{u}_2^2}{2} + P_2 v_{\mathrm{m}2} + \frac{(\bar{u}_1 - \bar{u}_2)^2}{2}$$

$$P_1 v_{\mathrm{m}1} - P_2 v_{\mathrm{m}2} = \frac{\bar{u}_2^2}{2} - \frac{\bar{u}_1^2}{2} + \frac{(\bar{u}_1 - \bar{u}_2)^2}{2}$$

$$\frac{P_1 - P_2}{\rho} = \frac{\bar{u}_2^2}{2} - \frac{\bar{u}_1^2}{2} + \frac{\bar{u}_1^2 - 2\bar{u}_1\bar{u}_2 + \bar{u}_2^2}{2} = \bar{u}_2^2 - \bar{u}_1\bar{u}_2 = \bar{u}_2(\bar{u}_2 - \bar{u}_1) \tag{11.7}$$

が得られる．$\bar{u}_1 > \bar{u}_2$ であるから式(11.7)の右辺は負になる．したがって左辺も負なので，$P_1 < P_2$ となる．すなわち管路が急激に拡大する場合には，エネ

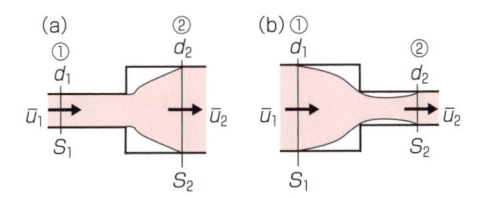

図 11.2 管路の急激な拡大と縮小
（a）拡大損失，（b）縮小損失．

ルギー損失があるにもかかわらず，下流部の圧力のほうが上流部の圧力よりも高くなる．

（２）急激な縮小

図11.2（ｂ）のような急激な縮小の場合，断面積が S_1 から S_2 に縮小し，平均流速が $\bar{u}_1$ から $\bar{u}_2$ に増大する場合のエネルギー損失 $F_{m \cdot c}$ [J·kg^{-1}] は，平均値として次の式を用いることができる．

$$F_{m \cdot c} = 0.4 \left(1 - \frac{S_2}{S_1}\right)^2 \frac{\bar{u}_2^2}{2} \tag{11.8a}$$

また，$S_2/S_1 = \{(\pi/4)d_2^2/(\pi/4)d_1^2\} = (d_2/d_1)^2$ より

$$F_{m \cdot c} = 0.4 \left\{1 - \left(\frac{d_2}{d_1}\right)^2\right\}^2 \frac{\bar{u}_2^2}{2} \tag{11.8b}$$

11.2.2 継手や弁などの管付属品による損失

管路に図11.3に示すような**継手**(fitting)や**弁**(valve)などの管付属品があるときは，それらによるエネルギー損失も考慮する必要がある．この場合のエネルギー損失 F_a は，表11.1に示すような**相当長さ**(equivalent length) L_e [m] を用いて表される．相当長さは，継ぎ手などによる損失を水平に設置された管の直径の何倍に相当するかという値に換算されたものであり，次の式で表される．

$$L_e = nd \tag{11.9}$$

表11.1にはそれぞれの付属品の L_e/d，すなわち n の値が示されている．管路全体の L_e [m] が求まれば，ファニングの式(式11.3)を適用することで，継手など付属品によるエネルギー損失を次のように計算できる．

$$F_{m \cdot a} = 4f \left(\frac{\bar{u}^2}{2}\right)\left(\frac{L_e}{d}\right) \tag{11.10}$$

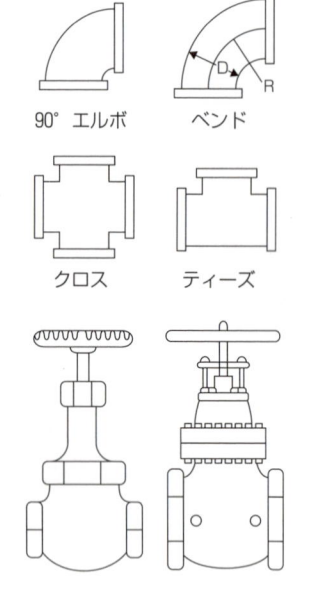

図11.3 管路内に設置されるさまざまな付属品

表11.1 付属品の相当長さ

継手	L_e/d	弁	L_e/d
90°エルボ(標準)	32	仕切弁(全開)	0.7
90°直角エルボ	60	〃 (3/4開)	40
90°ベンド($R/D = 2\sim4$)	10	〃 (1/2開)	200
180°ベンド	75	〃 (1/4開)	800
ティーズ	60〜90	球形弁(全開)	300

11.3 輸送動力

管路系に流体を流すには，管路系のエネルギー損失を上回るエネルギーをポンプあるいは送風機に与える必要がある．このとき，単位時間に必要なエネルギーを動力 W といい，[J·s^{-1}]（=[W]）の単位をもつ．

ここで，式(10.22b)のベルヌーイ式中の F_m を，これまでに紹介した管路内のすべてのエネルギー損失を足し合わせた総和 $\sum F_m$ とすると，次式が導かれ，管路系に供給すべき仕事 W_m [J·kg^{-1}] が算出できる．

$$W_m = g(Z_2 - Z_1) + \frac{\bar{u}_2^2 - \bar{u}_1^2}{2} + \frac{(P_2 - P_1)}{\rho} + \sum F_m \tag{11.11}$$

流体を一定の流量で管路輸送するときに必要な**理論動力**(theoretical power) L_w [J·s^{-1}] は，式(11.11)より求められた W_m [J·kg^{-1}] に質量流量 w [kg·s^{-1}] を掛けることで得られる．

$$L_w = W_m \cdot w \text{ [J·s}^{-1}\text{]（または[W]）} \tag{11.12}$$

動力[J·s^{-1}]は仕事率と呼ばれ，単位としてワット[W]も用いられる．

流体輸送機(ポンプまたは送風機)に供給された動力の一部は，輸送機内部の摩擦などによっても消費される．そのため，流体輸送機に与えなければならない動力は，理論動力 L_w に輸送機内部の摩擦などによって消費される動力を加えたものになる．この値を**軸動力**(shaft power) L_s [W] という．この軸動力は，その流体輸送機の理論動力を効率 η で割ることにより求めることができる．η は輸送機の性能を表す値である．

$$L_s = \frac{L_w}{\eta} = \frac{W_m \cdot w}{\eta} \tag{11.13}$$

☞ **one rank up !**
効　率
流体輸送機に動力を供給するとき，輸送機内部で生じる摩擦などによって供給された動力が必ず消費されてしまう．実際に供給されるエネルギーがどの割合で輸送に利用されるのかを表す数値が効率である．すなわち，輸送機の性能を表す値であり，1を超えることはない．

例題 11.2 内径 15.0 cm の鋼管を用いて比重 1.20，粘度 1.25 mPa·s の液体を，平均流速 4.20 m·s^{-1} で，大きな貯槽Aから 20.0 m の高さにある貯槽Bまで汲み上げたい．ただし，鋼管の全長は 100 m で，管路には 90°エルボ 4個 ($L_e/d = 32$)，仕切弁(全開) 2個 ($L_e/d = 0.7$) が挿入されている．
（1）摩擦によるエネルギー損失[J·kg^{-1}]を求めよ．
（2）ポンプの総合効率を 60% としたときの所要動力[kW]を求めよ．ただし，貯槽Aから鋼管への縮小損失，貯槽Aの液面高さの減少は無視してよい．

【解答】（1）円管内を流れる流体の状態が層流か乱流か判断する必要がある．式(10.24)を用いて Re 数を計算すればよいので，式に代入するすべての値の単位を SI 単位系に置き換える．

内径：$d = 15\,\text{cm} \cdot \dfrac{1\,\text{m}}{100\,\text{cm}} = 0.150\,\text{m}$

粘度：$\mu = 1.25\,\text{mPa·s} = 1.25 \times 10^{-3}\,\text{Pa·s}$

密度が比重で与えられているので，水の密度 $1000\,\text{kg·m}^{-3}$ を掛けて，密度 $\rho = 1.20 \times 10^3\,\text{kg·m}^{-3}$ となる．それぞれの値を式(10.24)に代入して

$$Re = \frac{d\bar{u}\rho}{\mu} = \frac{0.150 \times 4.2 \times 1.20 \times 10^3}{1.25 \times 10^{-3}} = 6.05 \times 10^5 > 4000$$

Re 数が 4000 より大きいので，流れは乱流である．

管路内に設置された 90°エルボと仕切弁をあわせた相当長さ L_e は，$d = 0.150\,\text{m}$ より，$L_\text{e} = (32 \times 4 + 0.7 \times 2) \times 0.150 = 19.4\,\text{m}$ となる．

以上から，式(11.3)のファニングの式を用いて管路の摩擦エネルギー損失を計算できる．摩擦係数 f は，図 11.1 から，$f = 0.004$ である．輸送する長さである 100 m に，管路内での相当長さ 19.4 m を加え，これらの値をファニングの式に代入すると，摩擦エネルギー損失は次のように求まる．

$$\sum F_\text{m} = 4f\left(\frac{\bar{u}^2}{2}\right)\left(\frac{L}{d}\right) = 4 \times 0.004 \left(\frac{4.2^2}{2}\right)\left(\frac{100+19.4}{0.150}\right) = 112\,\text{J·kg}^{-1}$$

（2）式(11.11)のベルヌーイ式 $W_\text{m} = g(Z_2 - Z_1) + (\bar{u}_2{}^2 - \bar{u}_1{}^2)/2 + (P_2 - P_1)/\rho + \sum F_\text{m}$ に，$Z_2 - Z_1 = 20\,\text{m}$，平均流速 $\bar{u}_1 = 0\,[\text{m·s}^{-1}]$，$P_1 = P_2$（＝大気圧）を代入すると

$$W_\text{m} = g(Z_2 - Z_1) + \frac{\bar{u}_2{}^2 - \bar{u}_1{}^2}{2} + \frac{P_2 - P_1}{\rho} + \sum F_\text{m}$$

$$= 9.8 \times 20 + \frac{4.2^2}{2} + 112 = 317\,\text{J·kg}^{-1}$$

ここで，流体の質量流量 $w\,[\text{kg·s}^{-1}]$ は，式(10.6)より

$$w = S\bar{u}\rho = \frac{\pi}{4}d^2\bar{u}\rho = \frac{\pi}{4}0.150^2 \times 4.2 \times 1.20 \times 10^3 = 89.1\,\text{kg·s}^{-1}$$

したがって所要動力は，式(11.13)より

$$L_\text{s} = \frac{W_\text{m} \cdot w}{\eta} = \frac{317 \times 89.1}{0.60} = 4.71 \times 10^4\,\text{W} = 47.1\,\text{kW}$$

章末問題

1) 内径 30 mm の水平に設置された鋼管に 20 ℃の二酸化炭素を質量流量 0.05 kg·s^{-1} で 100 m 流すとき,摩擦によるエネルギー損失と圧力損失を求めよ.20 ℃における二酸化炭素の粘度,密度はそれぞれ 14.7 µPa·s,1.84 kg·m^{-3} である.

2) ある流体を内径 10 cm の鋼管を用いて 1 km 水平輸送する.流体の密度が 0.90 g·cm^{-3},粘度が 4.5 mPa·s,平均流速が 1.5 m·s^{-1} であり,管路内の継手,弁などによるエネルギー損失の相当長さが管内径の 1000 倍である.このとき,摩擦エネルギー損失と圧力損失を求めよ.また,ポンプ効率が 60% であるとき,ポンプの所要動力を求めよ.

3) 地下タンクから水を 36 m^3·h^{-1} の流量で 50 m の高さまで汲み上げている.管の内径が 5.0 cm で,流れによるエネルギー損失が 100 J·kg^{-1} であるとき,汲み上げに必要な理論動力を求めよ.また,ポンプ効率が 60% の場合の軸動力を求めよ.ただし,水温は 20 ℃とする.

4) 内径 50 mm の鋼管を用いて 20 ℃の水を平均流速 2.5 m·s^{-1} で貯水池から 20 m の高さにある貯水タンクへ汲み上げる.管路直間部の長さが 30 m で,管路に 90°エルボ 3 個,仕切り弁(全開) 2 個が挿入されている.このとき,摩擦エネルギー損失と圧力損失を求めよ.また,ポンプ効率を 55% としたときの所要動力を求めよ.

第12章 圧力，流量の測定

【この章の概要】

化学プロセスの運転を適切に行うためには，プロセス内の圧力や，流出入する物質の流量などを正確に知る必要がある．第10章で紹介した流体の連続の式とベルヌーイの定理を用いれば，圧力や流量を測定できる．ここでは圧力，流量，流速の代表的な測定法について紹介する．

12.1 圧力の測定

12.1.1 マノメータ

マノメータ(manometer)は，液柱の高さの差によって圧力を測定する機器である．

管内流れに第10章で学習したベルヌーイの式(式10.15)を適用すると，次のように表される．

$$gZ + \frac{\bar{u}^2}{2} + \frac{p}{\rho} = 一定 \tag{12.1}$$

静止流体では速度ヘッドは0なので，変形して式(12.2)のように表すことができる．

$$\rho g Z + P = 一定 \tag{12.2}$$

図12.1のようなU字型マノメータのU字部分に水銀，水などの液体を入れ，一方の液面上に測定すべき圧を，もう一方に大気圧または測定圧と比較すべき圧を働かせる．それら両者の差圧により両柱の液面高に差が生じ，それにより圧力が測定できる．図12.1のように密度 ρ_1 の流体が圧力 P_1 で容器内に存在し，U字部分に入れられた密度 ρ_L の液体界面までの高さを h_1，さらにその液体界

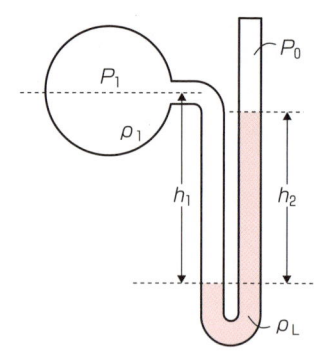

図 12.1　U字型マノメータ

面と大気圧 P_0 に開放されたもう一方の液体界面との差を h_2 とすると，次のように表すことができる．

$$\rho_1 g h_1 + P_1 = \rho_L g h_2 + P_0$$
$$P_1 = (\rho_L h_2 - \rho_1 h_1)g + P_0 \tag{12.3}$$

ここで，液体密度 ρ_L が，圧力測定したい流体の密度 ρ_1 より十分大きいなら($\rho_L \gg \rho_1$)，$\rho_1 g h_1$ は無視することができるので

$$P_1 = \rho_L g h_2 + P_0 \tag{12.4}$$

として圧力を求めることができる．P_0 が大気圧のとき，$P_1 - P_0$ で表される差圧を**ゲージ圧**(gauge pressure)，P_1 を**絶対圧**(absolute pressure)という．

12.1.2　弾性式圧力計

弾性体が変形するときの力と流体の圧力を釣り合わせ，その変位から流体の

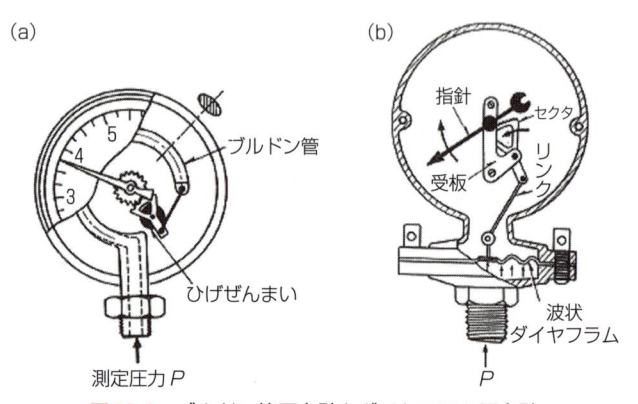

図 12.2　ブルドン管圧力計とダイヤフラム圧力計
（a）ブルドン管圧力計，（b）ダイヤフラム圧力計．中山泰喜著，『流体の力学』，養賢堂(1979).

圧力を計測する圧力計として，**弾性式圧力計**(elastic pressure gauge)がある．弾性式圧力計には，ブルドン管，ダイヤフラム，ベローズ圧力計などがある．図12.2にブルドン管，ダイヤフラム圧力計の概略図をそれぞれ示す．

ブルドン管圧力計の主要部分は，ギヤと，一方の端を閉じた長円形断面のブルドン管と呼ばれる曲管である．もう一方の端から管内に圧力を作用させ曲管内の圧力が大きくなると，断面が円形に戻ろうとするので，管がまっすぐな状態に戻ろうと外側に向かって動く．この曲管の自由端の動きをギヤに伝え，それにより指針を回転させることで圧力を計時する．通常は，1気圧以上の比較的大きな圧力の測定に用いられる．

ダイヤフラム圧力計では，圧力によって変形するダイヤフラム（隔膜）を用いてその凹み具合を読み取る．その変位をセンサーにより電気信号に変換することが多く，低圧用から高圧用まで対応できる．また，高温条件下で使用可能なものが種々あり，圧力の連続記録も可能であることから自動制御用としてよく用いられる．

12.2 流量の測定

12.2.1 オリフィス計

図12.3のように，管内の中央部に縁の鋭い円孔のある薄い円板（オリフィス板，orifice plate）を挿入すると，管内を流れる流体がこの円孔を通過する際に流路の断面積が縮小して流速が増し，この部分での静圧が上流部での静圧よりかなり低下する．この静圧低下の程度は流量の大きさにより異なるので，その差圧を測定することで流量を知ることができる．この原理を利用したものを**オリフィス計**(orifice meter)という．流路の断面積が最も小さくなるところはオリフィス板よりも下流側にあり，この部分を**縮流部**(vena contracta)と呼ぶ．

図12.3の流体が流れる断面①から断面②の間でエネルギー損失がないとす

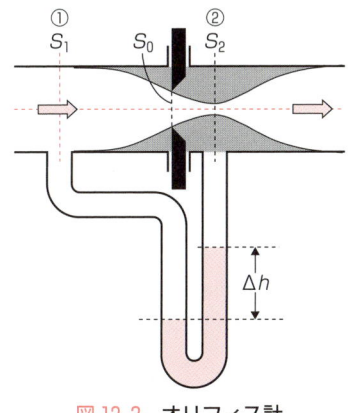

図12.3 オリフィス計

れば，ベルヌーイの式(式10.15)から，$Z_1 = Z_2$，$v_{\mathrm{m}} = 1/\rho$ なので

$$\frac{\bar{u}_2{}^2 - \bar{u}_1{}^2}{2} = \frac{P_1 - P_2}{\rho} \tag{12.5}$$

また，式(10.6)の連続の式より

$$\bar{u}_1 = \frac{S_0}{S_1}\bar{u}_0 = m\bar{u}_0 \tag{12.6}$$

$$\bar{u}_2 = \frac{S_0}{S_2}\bar{u}_0 = \frac{\bar{u}_0}{C_{\mathrm{c}}} \tag{12.7}$$

ここで，$m = S_0/S_1$ は接近率，$C_{\mathrm{c}} = S_2/S_0$ は収縮係数とそれぞれ呼ばれる断面積の比により表される係数である．式(12.6)と式(12.7)を式(12.5)に代入すると式(12.8)が得られる．

$$\frac{1}{2}\left\{\left(\frac{\bar{u}_0}{C_{\mathrm{c}}}\right)^2 - (m\bar{u}_0)^2\right\} = \frac{P_1 - P_2}{\rho}$$

$$\left\{\left(\frac{1}{C_{\mathrm{c}}}\right)^2 - m^2\right\}\bar{u}_0{}^2 = \frac{2(P_1 - P_2)}{\rho}$$

$$\bar{u}_0{}^2 = \frac{C_{\mathrm{c}}{}^2}{1 - C_{\mathrm{c}}{}^2 m^2} \cdot \frac{2(P_1 - P_2)}{\rho}$$

$$\therefore\ \bar{u}_0 = \frac{C_{\mathrm{c}}}{\sqrt{1 - C_{\mathrm{c}}{}^2 m^2}}\sqrt{\frac{2(P_1 - P_2)}{\rho}} \tag{12.8}$$

式(12.8)の導出においては，断面①と断面②の間のエネルギー損失を無視したが，実際にはエネルギー損失があるので，その補正のために補正係数 β を右辺に掛けると

$$\bar{u}_0 = \frac{\beta C_{\mathrm{c}}}{\sqrt{1 - C_{\mathrm{c}}{}^2 m^2}}\sqrt{\frac{2(P_1 - P_2)}{\rho}} \tag{12.9}$$

が得られる．ここで，$\beta C_{\mathrm{c}}/\sqrt{1 - C_{\mathrm{c}}{}^2 m^2}$ を α で置き換え，さらにマノメータ内の液体密度が ρ_{L} のとき，$P_1 - P_2 = (\rho_{\mathrm{L}} - \rho)g\Delta h$ なので，式(12.9)は次のように書き換えられる．

$$\bar{u}_0 = \alpha\sqrt{\frac{2(P_1 - P_2)}{\rho}} = \alpha\sqrt{\frac{2(\rho_{\mathrm{L}} - \rho)g\Delta h}{\rho}} \tag{12.10}$$

この α を**流量係数**(coefficient of discharge)という．以上から，管内を流れる流体の体積流量 v は，オリフィス部の平均流速 $\bar{u}_0$ に円孔面積 S_0 を掛けて，次の式で求まる．

$$v = S_0 \bar{u}_0 = \alpha S_0 \sqrt{\frac{2(\rho_L - \rho)g\Delta h}{\rho}} \tag{12.11}$$

12.2.2 ベンチュリ管

ベンチュリ管(Venturi tube)は，オリフィス計のオリフィスの代わりに，図12.4のように管の一部を滑らかに細く絞って管路内の流量を測定する装置である．原理は前述のオリフィス計と同じであるが，管断面積の変化が緩やかなので，オリフィス計と比べてエネルギー損失が小さい．

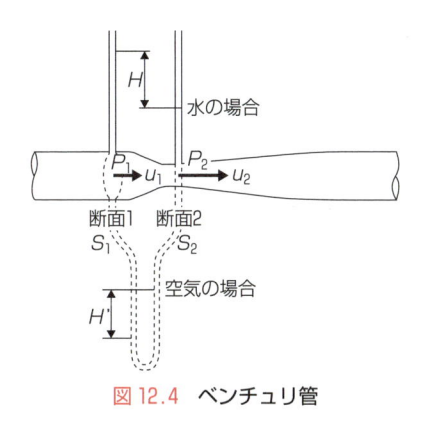

図12.4 ベンチュリ管

12.2.3 ロータメーター

オリフィス計が断面積一定のオリフィスを利用して流れを絞ってその流れ前後の差圧から流量を測定するのに対して，絞り部分前後の差圧が一定になるように絞り部の断面積を変化させて流量を測定する流量計が**ロータメーター**(rotameter)である(図12.5)．

垂直ガラス管は上広がりになっており，その中に**回転子**(rotator)または**浮子**(float)が挿入されている．流体を下から上へ流すと挿入された回転子が浮き上がり，回転子に働く重力，浮力および回転子上下の差圧による上向きの力が釣り合い，回転子が一定の位置に静止する．このときの位置をメモリから読み取ることで流量がわかる．回転子頭部の下側には斜めの溝が切ってあり，そのため回転子がゆっくりと回転しながら一定位置に留まる．

12.3 流速の測定

12.3.1 ピトー管

ピトー管(Pitot tube)はフランスの研究者アンリ・ピトー(Henri Pitot)が流速測定装置として発表したもので，その原理を図12.6に示した．

図のように，**全圧**(total pressure)測定孔と**静圧**(static pressure)測定孔をも

> one rank up !
> **Giovanni Battista Venturi**
> イタリアの物理学者でベンチュリ管の基本原理を明らかにした．ベンチュリ管は彼の名前にちなんで名付けられた．

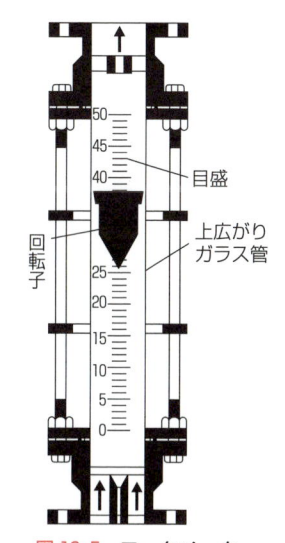

図12.5 ロータメーター
亀井三郎編，『化学機械の理論と計算(第2版)』，産業図書(1975)．

> one rank up !
> **Henri Pitot**
> 1695〜1771，フランスの水力学者．1732年にピトー管を発表した．最初のアイディアは単純で，ガラス管の片方を直角に曲げただけのものであった．曲げたガラス管の口が流れの上流部に向くように挿入し，水がガラス管内を水面より上昇した高さによって流速を算出するというもので，それが現在でも使用されているピトー管へと改良されていった．

図 12.6　ピトー管原理図

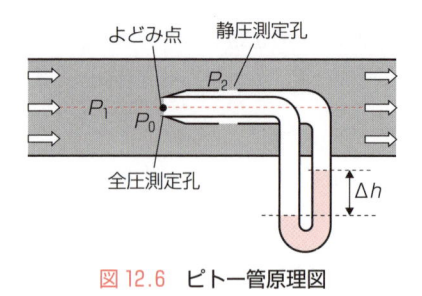

つピトー管を流れに対して挿入すると，全圧測定孔で流れがせき止められ速度が $u_0 = 0$ になる点が生じる．この点を**よどみ点**(stagnation point)といい，この点の圧力を**よどみ圧**(stagnation pressure)という．今，よどみ圧が P_0，流れが乱れていないよどみ点のすぐ上流部の点 1 における圧力が P_1，流速が u_1 のとき，よどみ点と点 1 の間にベルヌーイの式(式 10.15)を適用すると，$Z_1 = Z_2$, $v_m = 1/\rho$ なので，流速 u_1 は次のように表すことができる．

$$\frac{\bar{u}_1^2}{2} = \frac{P_0 - P_1}{\rho} \quad \therefore \quad u_1 = \sqrt{\frac{2(P_0 - P_1)}{\rho}} \tag{12.12}$$

ここで，静圧測定孔(点 2)は流れに対して平行に開けられているので，点 2 で測定される圧力は静圧 P_2 のみとなり，点 1 と点 2 の圧力は等しくなる．したがって，式(12.12)を書き直すと，次式になる．

$$u_1 = \sqrt{\frac{2(P_0 - P_2)}{\rho}} \quad (\because \ P_1 = P_2) \tag{12.13}$$

マノメータ内の液体密度が ρ_L のとき，$P_0 - P_2 = (\rho_L - \rho)g\Delta h$ なので

$$u_1 = \sqrt{\frac{2(\rho_L - \rho)g\Delta h}{\rho}} \tag{12.14}$$

となり，流体の局所流速を測定することができる．実際には，ピトー管の形状や流れの渦流などによるエネルギー損失があるので，**速度係数**(coefficient of velocity) c_V を式(12.14)の右辺に掛けた式(12.15)を用いる．

$$u_1 = c_V \sqrt{\frac{2(\rho_L - \rho)g\Delta h}{\rho}} \tag{12.15}$$

このピトー管は，管路や装置内の流体の速度分布測定に使用されているだけでなく，飛行機や F1 マシンの速度測定などにも広く利用されている．

> **例題 12.1** ピトー管を用いて水の流速と空気の流速を測定した．水の流速測定には水銀マノメータを，空気の流速測定には水マノメータをピトー管に接続して用いた．どちらもその液面差が 10.0 cm であるとき，水と空気それぞれの流速を求めよ．ただし，速度係数は 1 としてよい．また，各物質の密度は次の通りとする．
> $\rho_{水}= 1.000 \times 10^3$ kg·m^{-3}, $\rho_{空気}= 1.204$ kg·m^{-3}, $\rho_{水銀}= 1.355 \times 10^4$ kg·m^{-3}.

【解答】 速度係数が 1 であることから，式(12.14)に値を代入すれば，求めたい速度が計算できる．すべての値の単位を SI 単位に変換して代入すると

$$u_{水} = \sqrt{\frac{2(\rho_L - \rho)g\Delta h}{\rho}}$$
$$= \sqrt{\frac{2\times(1.355\times10^4 - 1.000\times10^3)\times 9.8\times 0.100}{1.000\times10^3}} = 4.96 \text{ m·s}^{-1}$$

$$u_{空気} = \sqrt{\frac{2(\rho_L - \rho)g\Delta h}{\rho}}$$
$$= \sqrt{\frac{2\times(1.000\times10^3 - 1.204)\times 9.8\times 0.100}{1.204}} = 40.3 \text{ m·s}^{-1}$$

章末問題

1) 内径 50 mm の水平円管に 20 ℃ の水が流れている．水平円管途中 1 m の間隔で設置されたマノメータの示す高さの差は 25 mm であった．このとき，圧力差(Pa)はいくらか．

2) 1) で管摩擦係数がブラジウス式で表されるとき，この管を流れる水の平均流速(m·s^{-1})，体積流量(m^3·h^{-1})はいくらか．

3) ピトー管を使用して走行中の F1 マシンの速度を測定したところ 320 km·h^{-1} であった．このとき，よどみ点と静圧の差圧はいくらか．ただし，20 ℃ の空気の密度は 1.204 kg·m^{-3} で，使用したピトー管の速度係数は 1 としてよい．

4) 20 ℃ の空気(密度 1.204 kg·m^{-3})が内径 30 mm の管内に流れている．管中央にピトー管を挿入したところ，水マノメータの界面差が 20 cm となった．このときの流れが層流か乱流か答えよ．ただし，水マノメータの水温は 20 ℃ とし，また平均流速を求める際は式(10.32b)または式(10.35)の 1/7 乗則が成り立つものとする．

第13章 伝導伝熱による熱移動

【この章の概要】

化学プロセスにはさまざまな単位操作(unit operation)がある．それらを安全にかつ効率よく運転するためには，流体を加熱したり，余分な反応熱を除去したりと，熱の移動を制御する必要がある．

蒸発，蒸留，晶析，乾燥などの単位操作では必ず加熱・冷却といった熱の移動が伴い，熱は高温部から低温部に向かって移動する．この現象を**伝熱**(heat transmission)と呼ぶ．その伝熱の機構には**伝導伝熱**(heat conduction)，**対流伝熱**(heat convection)，**放射伝熱**(heat radiation)の三つの異なる機構がある．

それぞれの伝熱機構の例とイメージ図(図13.1)を次に示す．

① **伝導伝熱**

やかんで湯を沸かしたとき，やかんの取っ手を触ると熱い．これは，「やかん」→「取っ手」→「手」と熱が物質内を流れて伝わったために手が熱く感じたのである．このとき物質自身の移動はなく，熱だけが伝わる．

② **対流伝熱**

やかんに水を入れて火にかけると，やかんの中には上と下とで温度分布が生

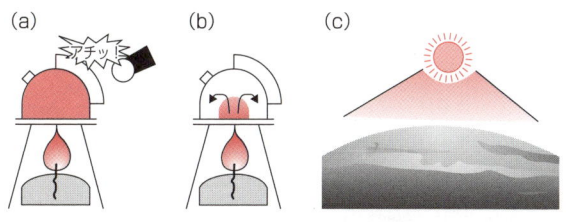

図13.1 伝熱のイメージ図
(a) 伝導伝熱，(b) 対流伝熱，(c) 放射伝熱．

じる．そのとき熱い水は上へ，冷たい水は下へという流れ（対流）が起こる．つまり，流体自身の動きによって熱が伝わる現象．

③ **放射伝熱**

太陽から地球への熱の伝わり方を考えると，太陽と地球の間には熱を伝える物質がない．この場合，太陽からの電磁波として，光の形で地球に熱が伝わる．このように，電磁波で熱が伝わる現象．

本書ではこのうち，伝導伝熱，対流伝熱を紹介する．この章では，まず伝導伝熱について学習する．単位操作には伝熱を必要とするものが多いので，これに関する知識は化学技術者にとってきわめて重要となる．

13.1　フーリエの法則と熱伝導度

上述したように，伝導伝熱によって，熱は高温部から低温部へ物質内を移動する．図13.2のように厚さ Y，温度 T_0 の厚板が大きな2枚の平行平板（T_0）に挟まれている．今，上部平板を T_0 より少し高い温度 T_1 まで一気に加温し（図13.2b），そのままその温度を保持する．時間の経過とともに熱は厚板内を伝わり温度分布が生じ，最終的に図13.2（d）に示すような直線的な温度分布の定常状態に達する．定常状態では，厚板内の各点における温度は時間に関係なく一定となり，一定伝熱速度 Q [J·s^{-1}] の熱が熱の流れる方向（y 軸方向）に垂直な厚板断面積 A [m^2] を通過し続けることで，温度差が $\Delta T = T_1 - T_0$ [K] に保たれる．この関係は次式のように表すことができる．

$$\frac{Q}{A} = k\frac{T_1 - T_0}{Y} = k\frac{\Delta T}{Y} \tag{13.1}$$

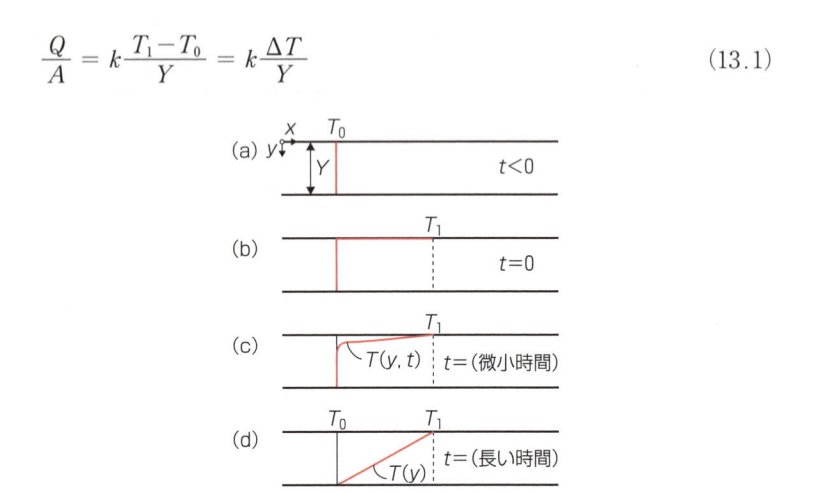

図13.2　厚板中を伝わる熱の速度分布変化

（a）物質の初期温度は T_0，（b）上部平面を一気に T_1 まで加温，
（c）熱が物質内を伝熱により伝わり始めた状態（非定常状態），
（d）熱が物質内を伝熱により安定して伝わっている状態（定常状態）．

式(13.1)は単位面積あたりの伝熱速度は温度差に比例し，距離に反比例することを示している．比例定数 k は**熱伝導度**(thermal conductivity)と呼ばれる各物質に特有の物性値で，その単位は $[\mathrm{J\cdot m^{-1}\cdot s^{-1}\cdot K^{-1}}]$ または $[\mathrm{W\cdot m^{-1}\cdot K^{-1}}]$ である．熱伝導度は，一般的に固体が大きく，液体，気体の順に小さくなる．

$Q/A\ [\mathrm{J\cdot m^{-2}\cdot s^{-1}}]$ または $[\mathrm{W\cdot m^{-2}}]$ は単位面積あたりの伝熱速度を表し，これを**熱流束**(heat flux)という．ここで，式(13.1)の Q を q_y(y 軸方向に垂直な平面 $A\ [\mathrm{m^2}]$ を通過する伝熱速度)$[\mathrm{J\cdot s^{-1}}]$ で置き換える．さらに，式(13.1)の $\Delta T/Y$ を $-\mathrm{d}T/\mathrm{d}y$ と置き換えると，q_y は次のように書ける．

$$q_y = -kA\frac{\mathrm{d}T}{\mathrm{d}y} \tag{13.2}$$

この式を**伝熱のフーリエの法則**(Fourier's law of heat conduction)という．

13.2　平面壁内の伝導伝熱

13.2.1　単一平面壁

図 13.3 に示すように，断面積 $A\ [\mathrm{m^2}]$，厚さが $x\ [\mathrm{m}]$ の固体平面壁内の定常伝導伝熱について考える．k, A を一定として式(13.2)を壁の両端間で積分すると，このときの伝熱速度を与える次式が得られる．

$$q = kA\frac{t_1 - t_2}{x} \tag{13.3}$$

t_1, $t_2\ [\mathrm{K}]$ は，壁両端の温度である．ここで，壁両端の温度差を $\Delta t\ [\mathrm{K}]$ とすると，式(13.3)は次式のように書くことができる．

$$q = kA\frac{t_1 - t_2}{x} = kA\frac{\Delta t}{x} = \frac{\Delta t}{x/kA} = \frac{\Delta t}{R} \tag{13.4}$$

ここで，R は**伝熱抵抗**(thermal resistance)と呼ばれ，Δt が伝熱に対する**推進力**(driving force)となる．式(13.4)は，電気伝導におけるオームの法則に似ており，q, Δt, R がそれぞれ電流の強さ，電圧差，電気抵抗に相当する．

13.2.2　多層平面壁

図 13.4 のように，材質の異なる三つの固体平面壁が重なった断面積 $A\ [\mathrm{m^2}]$ の平面壁内の定常伝導伝熱について考える．各層の厚さを x_1, x_2, $x_3\ [\mathrm{m}]$，熱伝導度を k_1, k_2, $k_3\ [\mathrm{W\cdot m^{-1}\cdot K^{-1}}]$ とし，各層での温度差を Δt_1, Δt_2, Δt_3 とすると，定常状態では各層の伝熱速度に対して式(13.4)が適用でき，またこれらの伝熱速度がすべて等しくなるから，次式が成り立つ．

☞ **one rank up !**

伝熱のフーリエの法則

フランスの物理学者ジョゼフ・フーリエが固体内の熱伝導(伝導伝熱)の研究から発見した伝導伝熱の基本法則．「任意の点における熱の移動速度は，その任意点における温度勾配に比例する」ことを示している．

伝熱速度：$q\ [\mathrm{W}]$

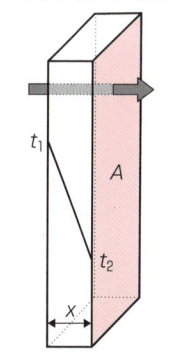

図 13.3　単一平面壁内の伝導伝熱

伝熱面積：$A\ [\mathrm{m^2}]$，熱伝導度：$k\ [\mathrm{W\cdot m^{-1}\cdot K^{-1}}]$．

☞ **one rank up !**

伝熱抵抗

$R = x/kA\ [\mathrm{s\cdot K\cdot J^{-1}}]$ を伝熱抵抗と呼び，この値が大きいほど伝熱速度が小さくなる．

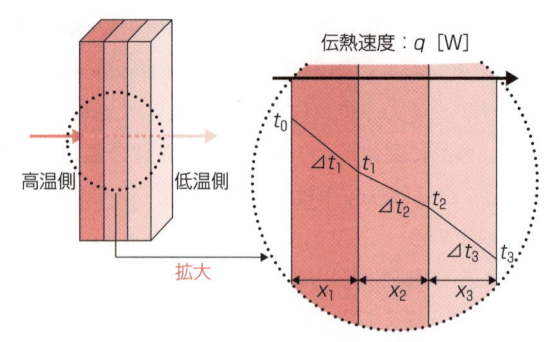

図 13.4　多層平面壁内の伝導伝熱

伝熱面積：A [m^2]，熱伝導度：左から順に k_1, k_2, k_3 [W・m^{-1}・K^{-1}].

$$q = \frac{\Delta t_1}{x_1/k_1 A} = \frac{\Delta t_2}{x_2/k_2 A} = \frac{\Delta t_3}{x_3/k_3 A}$$
$$= \frac{\Delta t_1}{R_1} = \frac{\Delta t_2}{R_2} = \frac{\Delta t_3}{R_3} \tag{13.5}$$

さらに，三層全体の温度差を $\Delta t (= \Delta t_1 + \Delta t_2 + \Delta t_3 = t_0 - t_3)$ として三層を単一平面とみなせば，全体の伝熱抵抗 R が各層の伝熱抵抗の和に等しくなるので，次式のように表すことができる．

$$q = \frac{\Delta t_1 + \Delta t_2 + \Delta t_3}{(x_1/k_1 A) + (x_2/k_2 A) + (x_3/k_3 A)} = \frac{\Delta t}{R_1 + R_2 + R_3}$$
$$= \frac{\Delta t}{R} \tag{13.6}$$

式(13.5)と式(13.6)の伝熱速度はそれぞれ等しいので，次式が成り立つ．

$$q = \frac{\Delta t_1}{R_1} = \frac{\Delta t_2}{R_2} = \frac{\Delta t_3}{R_3} = \frac{\Delta t}{R} \tag{13.7}$$

このように，多層平面壁の場合であっても単一平面壁と同様に取り扱うことが可能であり，各層間の温度がわからなくても多層平面壁の両端温度を利用して伝熱速度を求めることができる．

また，式(13.7)を変形すると，次式が得られる．

$$\Delta t_1 = \frac{R_1 \Delta t}{R} \quad \Delta t_2 = \frac{R_2 \Delta t}{R} \quad \Delta t_3 = \frac{R_3 \Delta t}{R} \tag{13.8}$$

この式から，全温度差 Δt と各層の伝熱抵抗がわかれば，各層での温度差を求めることができる．

例題 13.1 面積 $100\,\text{cm}^2$，厚さ $5.00\,\text{mm}$ のある材料の片面が $t_1 = 25.50\,℃$，もう片面が $t_2 = 24.50\,℃$ に保たれ定常状態にあるとき，その伝熱速度が $3.3\,\text{W}$ であった．この材料の $25\,℃$ における熱伝導度 $[\text{W}\cdot\text{m}^{-1}\cdot\text{K}^{-1}]$ を求めよ．

【解答】まず，他の例題のときと同様に単位を SI 単位系に統一する．

$$\text{面積}：A = 100\,\text{cm}^2 \cdot \frac{1\,\text{m}^2}{1\times10^4\,\text{cm}^2} = 1.00\times10^{-2}\,\text{m}^2$$

$$\text{厚さ}：x = 5.00\,\text{mm} \cdot \frac{1\,\text{m}}{1\times10^3\,\text{mm}} = 5.00\times10^{-3}\,\text{m}$$

$$\text{温度差}：\Delta t = t_1 - t_2 = 25.50\,℃ - 24.50\,℃ = 1.00\,\text{K}$$

温度 t_1, t_2 の単位を [K] に変換してから温度差を計算してもよいが，摂氏と絶対温度の温度差は等しいので，摂氏どうしの引き算を絶対温度に置き換えても差し支えない．式 (13.3) を変形して値を代入すれば，求めたい熱伝導度が求まる．

$$k = \frac{q}{A\dfrac{t_1-t_2}{x}} = \frac{qx}{A\Delta t} = \frac{3.3\times5.00\times10^{-3}}{1.00\times10^{-2}\times1.00} = 1.65\,\text{W}\cdot\text{m}^{-1}\cdot\text{K}^{-1}$$

このとき，$\Delta t = 1.00\,\text{K}$ と小さいため，算出した伝導度を二つの温度の平均値における（本題では $25\,℃$）熱伝導度としてもよい．

例題 13.2 ある $25\,℃$ の部屋に設置された厚さ $5.00\,\text{mm}$ の窓ガラス（熱伝導度 $0.750\,\text{W}\cdot\text{m}^{-1}\cdot\text{K}^{-1}$）から，伝熱により熱損失がある．部屋側の窓ガラス表面温度が $25.0\,℃$，外側が $5.00\,℃$ であった．この窓ガラスの部屋側に熱伝導度 $0.0500\,\text{W}\cdot\text{m}^{-1}\cdot\text{K}^{-1}$ の断熱材を貼りつけて熱損失を 100 分の 1 にしたい．何 cm の断熱材にすればよいか求めよ．

ただし，窓ガラスと断熱材の接着面に隙間はなく，接着剤の伝熱は無視でき，伝導伝熱以外の熱損失はないものとする．また，貼りつけた断熱材の部屋側表面温度は，部屋の温度 $25.0\,℃$ と同じとする．

【解答】まず，他の例題のときと同様に単位を SI 単位系に統一する．

$$\text{厚さ}：x_{ガラス} = 5.0\,\text{mm} \cdot \frac{1\,\text{m}}{1\times10^3\,\text{mm}} = 5.0\times10^{-3}\,\text{m}$$

$$\text{温度差}：\Delta t = t_{部屋側} - t_{外側} = 25.0\,℃ - 5.0\,℃ = 20.0\,\text{K}$$

面積が与えられていないので，単位面積あたりで考えればよい．それぞれの値を代入すると，式(13.3)から，単位面積あたりの熱損失速度が次のように求まる．

$$\frac{q_{ガラスのみ}}{A} = k\frac{t_1 - t_2}{x_{ガラス}} = 0.750 \cdot \frac{20.0}{5.0 \times 10^{-3}} = 3000\,\text{W}\cdot\text{m}^{-2} = 3.0\,\text{kW}\cdot\text{m}^{-2}$$

断熱材を貼ったときの熱損失が100分の1，すなわち30 W·m^{-2}になればよいことになる．窓ガラスに断熱材を貼るので，多層平面壁の式(13.6)を使用すればよい．温度差は断熱材を貼った場合も同じとしてよいので，式(13.6)を変形して値を代入すると，次のようになる．

$$\frac{q_{断熱材あり}}{A} = \frac{\Delta t}{\left(\frac{x_{ガラス}}{k_{ガラス}}\right) + \left(\frac{x_{断熱材}}{k_{断熱材}}\right)} \rightarrow \frac{x_{ガラス}}{k_{ガラス}} + \frac{x_{断熱材}}{k_{断熱材}} = \frac{\Delta t}{\left(\frac{q_{断熱材あり}}{A}\right)}$$

$$\rightarrow \frac{x_{断熱材}}{k_{断熱材}} = \frac{\Delta t}{\left(\frac{q_{断熱材あり}}{A}\right)} - \frac{x_{ガラス}}{k_{ガラス}}$$

$$\therefore x_{断熱材} = k_{断熱材}\left\{\frac{\Delta t}{\left(\frac{q_{断熱材あり}}{A}\right)} - \frac{x_{ガラス}}{k_{ガラス}}\right\} = 0.050 \cdot \left(\frac{20}{30} - \frac{5.0 \times 10^{-3}}{0.75}\right)$$

$$= 3.3 \times 10^{-2}\,\text{m} = 3.3\,\text{cm}$$

よって，3.3 cmの断熱材を窓ガラスに貼ることで，熱損失を100分の1にすることができる．

実際には，問題のように窓ガラスの伝導伝熱による熱損失だけでなく，それ以外の伝熱機構も寄与しているが，身近な現象に化学工学で学習したことが適用できることがわかる．昨今の環境・エネルギー問題を考えるうえで化学工学の知識，考え方はたいへん重要であることを示している．

13.3 円筒状固体内の伝導伝熱

13.3.1 単一円管壁

図13.5に示すように，内半径r_1，外半径r_2，長さLの肉厚$x = r_2 - r_1$の円管(熱伝導度k)がある．円管壁の半径方向へ熱が移動するときには，熱の流れる方向に直角な伝熱面積は平面壁のときのように一定ではなく，半径に比例して変化する．この伝熱が定常状態にあるとき，管壁内の半径rの位置に厚さdrの薄い同心円筒を考えると伝熱面積は$2\pi r L$なので，この部分での伝熱速度qは式(13.2)より次式となる．

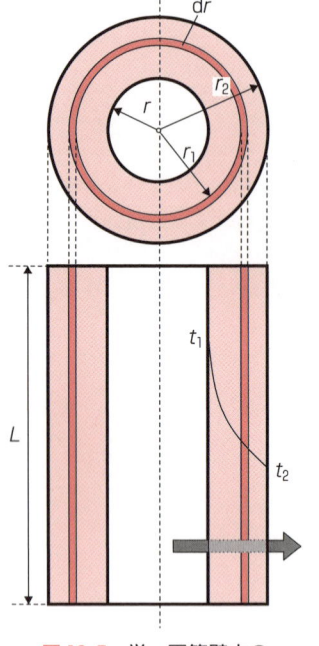

図 13.5 単一円管壁内の伝導伝熱

伝熱速度：q [W]，熱の移動：管内→管外，伝熱面積：(内) $2\pi r_1 L$ から(外) $2\pi r_2 L$ [m^2]に変化，熱伝導度：k [W·m^{-1}·K^{-1}]．

13.3 円筒状固体内の伝導伝熱

$$q = -kA\frac{\mathrm{d}T}{\mathrm{d}y} = -k\,(2\pi rL)\frac{\mathrm{d}t}{\mathrm{d}r} \tag{13.9}$$

定常状態では，q は r に関係なく一定なので，円管内面($r=r_1$, $t=t_1$)から外面($r=r_2$, $t=t_2$)まで積分して整理すると式(13.10)が得られる．

$$q\frac{\mathrm{d}r}{r} = -k\,(2\pi L)\,\mathrm{d}t$$

$$q\int_{r_1}^{r_2}\frac{\mathrm{d}r}{r} = -k\,(2\pi L)\int_{t_1}^{t_2}\mathrm{d}t$$

$$q\left[\ln r\right]_{r_1}^{r_2} = -k\,(2\pi L)\left[t\right]_{t_1}^{t_2}$$

$$q\,(\ln r_2 - \ln r_1) = -k\,(2\pi L)(t_2 - t_1)$$

$$q\cdot\ln\left(\frac{r_2}{r_1}\right) = k\,(2\pi L)(t_1 - t_2)$$

$$\therefore\quad q = \frac{k\,(2\pi L)(t_1 - t_2)}{\ln\left(\dfrac{r_2}{r_1}\right)} \tag{13.10}$$

ここで，円管の内表面積，外表面積をそれぞれ A_1, A_2 とし，円管壁の厚さを x とすれば，$A_1 = 2\pi r_1 L$, $A_2 = 2\pi r_2 L$, $x = r_2 - r_1$ なので，これらの関係を用いて式(13.10)を書き換えると

$$\begin{aligned}
q &= \frac{k\,(2\pi L)(t_1 - t_2)}{\ln\left(\dfrac{r_2}{r_1}\right)} = \frac{k\left(\dfrac{A_2 - A_1}{x}\right)(t_1 - t_2)}{\ln\left(\dfrac{A_2}{2\pi L}\bigg/\dfrac{A_1}{2\pi L}\right)} \\
&= k\frac{A_2 - A_1}{\ln\left(\dfrac{A_2}{A_1}\right)}\cdot\frac{\Delta t}{x} \quad \left(\because\ 2\pi L = \frac{A_2 - A_1}{x}\right)
\end{aligned} \tag{13.11}$$

したがって

$$A_{\mathrm{lm}} = \frac{A_2 - A_1}{\ln\left(\dfrac{A_2}{A_1}\right)} \tag{13.12}$$

とおくと

$$q = kA_{\mathrm{lm}}\frac{\Delta t}{x} \tag{13.13}$$

となり，式(13.3)とまったく同じ形の式が得られる．すなわち，式(13.12)で与えられる伝熱面積の平均値 A_{lm} を用いることで，単一円管壁内の定常状態における伝導伝熱に対しても，平面壁に対する式(13.3)がそのまま適用できる．

> **one rank up!**
> **対数平均と算術平均**
> 実際に対数平均と算術平均の違いを見てみよう．A_1 を固定し，A_2 を変化させ，対数平均，算術平均〔この場合，$(A_1+A_2)/2$〕，誤差を算出した（表 13.1）．算術平均は対数平均より常に大きい．また，A_1/A_2 が 1.5 のとき対数平均と算術平均の差は 1.2%，1.2 のときには 0.4% と，対数平均と算術平均の値が近くなる．本文で説明したように，対数平均の代わりに算術平均を使用しても問題ないことがわかる．

表 13.1 対数平均と算術平均

A_1	3	3	3	3
A_2	1	1.5	2	2.5
A_1/A_2	3	2	1.5	1.2
対数平均	1.82	2.16	2.47	2.74
算術平均	2.0	2.25	2.5	2.75
差 (%)	9.9	4.2	1.2	0.4

この式 (13.12) の A_{lm} を，A_1 と A_2 の**対数平均**（logarithmic mean）という．対数平均は算術平均よりも常に小さいが，二つの数の比が 1.5 以下であれば算術平均との差が 1.4% 以下となるので，対数平均の代わりに算術平均を使用してもよい．

13.3.2 多層円管壁

材質の異なる三つの固体円管壁が重なった多層円管壁内の定常伝導伝熱の場合については，多層平面壁のときと同様に取り扱うことができ，式 (13.6) が適用できる．その場合には，単一円管壁で導出した伝熱面積の対数平均 (式 13.12) を各層の伝熱面積として用いる必要がある．次の【例題 13.3】で実際に多層円管壁伝導伝熱の問題を解いていこう．

例題 13.3 外径 50 mm の円管に 200.0 ℃ の流体が流れており，断熱材として厚さ 5.0 cm のシリカウール（熱伝導度 0.30 W・m^{-1}・K^{-1}），さらに厚さ 10.0 cm のコルク（熱伝導度 0.070 W・m^{-1}・K^{-1}）が巻かれて保温されている．円管外表面（円管とシリカウールの接触面）温度，コルク表面温度がそれぞれ 200.0 ℃，30.0 ℃ のとき，長さ 1 m あたりの熱損失量と二つの断熱材の接触面温度を求めよ．

【解答】 単位を SI 単位系に統一する．

$$\text{外径}：d = 50.0 \, \text{mm} \cdot \frac{1\,\text{m}}{1\times 10^3\,\text{mm}} = 0.050\,\text{m}$$

$$\text{厚さ}：x_{シリカウール} = 5.0\,\text{cm} \cdot \frac{1\,\text{m}}{1\times 10^2\,\text{cm}} = 0.050\,\text{m}$$

$$x_{コルク} = 10.0\,\text{cm} \cdot \frac{1\,\text{m}}{1\times 10^2\,\text{cm}} = 0.100\,\text{m}$$

$$\text{温度差}：\Delta t_{total} = t_1 - t_3 = 200\,℃ - 30\,℃ = 170\,\text{K}$$

円管外表面積を A_1，シリカウールとコルクの接触面面積を A_2，コルクの外表面積を A_3 とすると，単位長さあたりのそれぞれの面の面積は次のようになる．

$$A_1 = \pi d L = 0.050\pi\,\text{m}^2$$
$$A_2 = \pi d L = \pi(0.050 + 0.050\times 2) = 0.150\pi\,\text{m}^2$$
$$A_3 = \pi d L = \pi(0.050 + 0.050\times 2 + 0.100\times 2) = 0.350\pi\,\text{m}^2$$

次に，各断熱材伝熱面積の対数平均を式 (13.12) より求める．

$$A_{\text{lm}\cdot\text{シ}} = \frac{A_2 - A_1}{\ln\left(\dfrac{A_2}{A_1}\right)} = \frac{0.150\pi - 0.050\pi}{\ln\left(\dfrac{0.150\pi}{0.050\pi}\right)} = 9.10 \times 10^{-2}\pi \text{ m}^2$$

$$A_{\text{lm}\cdot\text{コ}} = \frac{A_3 - A_2}{\ln\left(\dfrac{A_3}{A_2}\right)} = \frac{0.350\pi - 0.150\pi}{\ln\left(\dfrac{0.350\pi}{0.150\pi}\right)} = 0.236\pi \text{ m}^2$$

各層の伝熱抵抗を $R_\text{シ}$，$R_\text{コ}$ とすると，式(13.6)より

$$R_\text{シ} = \frac{x_\text{シ}}{k_\text{シ} A_{\text{lm}\cdot\text{シ}}} = \frac{0.050}{0.30 \times 9.10 \times 10^{-2}\pi} = 0.583 \text{ K}\cdot\text{W}^{-1}$$

$$R_\text{コ} = \frac{x_\text{コ}}{k_\text{コ} A_{\text{lm}\cdot\text{コ}}} = \frac{0.100}{0.070 \times 0.236\pi} = 1.927 \text{ K}\cdot\text{W}^{-1}$$

式(13.6)を適用して熱損失量を計算すると

$$q = \frac{\Delta t_{\text{total}}}{R_{\text{total}}} = \frac{\Delta t_{\text{total}}}{R_\text{シ} + R_\text{コ}} = \frac{170}{0.583 + 1.927} = 67.7 \text{ W}$$

と求まる．断熱材接触面の温度は，式(13.8)を適用して，次のように求まる．

$$\Delta t_\text{シ} = t_1 - t_2 = \frac{R_\text{シ} \Delta t_{\text{total}}}{R_{\text{total}}}$$

$$\therefore \; t_2 = t_1 - \frac{R_\text{シ} \Delta t_{\text{total}}}{R_{\text{total}}} = 200 - \frac{0.583 \times 170}{0.583 + 1.927} = 160.5 \text{ ℃}$$

章末問題

1] 片面が 200 ℃ に保たれた大きな分厚い壁 ($0.50 \text{ W}\cdot\text{m}^{-1}\cdot\text{K}^{-1}$) がある．伝熱速度 100 W のとき，分厚い壁内の温度が 30 ℃ になる地点は 200 ℃ に保たれた面から何 m の地点か．壁面積は 1.00 m^2 とする．

2] ある炉内から，順に厚さ 200 mm の耐火煉瓦 ($k = 1.50 \text{ W}\cdot\text{m}^{-1}\cdot\text{K}^{-1}$)，厚さ 100 mm の断熱煉瓦 ($k = 0.070 \text{ W}\cdot\text{m}^{-1}\cdot\text{K}^{-1}$)，厚さ 100 mm の普通煉瓦 ($k = 0.70 \text{ W}\cdot\text{m}^{-1}\cdot\text{K}^{-1}$) の三層からなる炉壁がある．炉内の耐火煉瓦温度が 1000 ℃ で普通煉瓦の表面温度が 50 ℃ のとき，面積 1 m^2 が 1 時間あたりに失う伝熱速度を求めよ．また，各煉瓦の接触面温度を求めよ．

3] 外径 100 mm で長さ 20 m の鋼管内を過熱水蒸気が流れている．管は，厚さ 50 mm の保温材 A と 80 mm の保温材 B により保温されている．鋼管と保温材 A との境界温度は 120.0 ℃，保温材 B の外面温度は 30.0 ℃ に保

注意 円筒状固体内の伝熱を考える場合，面積 A は熱が流れる方向に垂直な伝熱面積で，流れの円管内流体流れで取り扱った断面積 S とは異なることに気をつけよう．第 15 章で学習する熱交換器では流れと伝熱の両方を取り扱うので，混同しないようしっかり理解しておこう．

たれている．熱伝導度は保温材 A が $0.058\,\mathrm{W\cdot m^{-1}\cdot K^{-1}}$，保温材 B が $0.043\,\mathrm{W\cdot m^{-1}\cdot K^{-1}}$ である．このとき，毎秒の熱損失量および保温材 A と保温材 B の接触面の温度を求めよ．

4] 外径 100 mm の輸送管に断熱材 A ($k_\mathrm{a} = 0.086\,\mathrm{W\cdot m^{-1}\cdot K^{-1}}$) を 75 mm の厚さで巻き，さらにその上に断熱材 B を x_b [mm] の厚さで巻いて保温している．なお，熱電対により断熱材 A の内面および外面(断熱材 B との境界面)の温度を測定したところ，150 ℃ および 80 ℃ であった．

（1）管長 1 m についての熱損失速度を求めよ．

（2）断熱材 B ($k_\mathrm{b} = 0.030\,\mathrm{W\cdot m^{-1}\cdot K^{-1}}$) の外面の温度が 40 ℃ の場合，断熱材 B の厚さ x_b [mm] を求めよ．

第14章 対流伝熱による熱移動

【この章の概要】

　化学プロセスでは，伝熱装置の伝熱部における固体壁を通して流体の温度を制御することが多い．このとき，前章で学んだ固体壁中を熱が伝わる伝導伝熱に加え，固体壁と接する流体中における伝熱を取り扱う必要がある．このような，固体壁から流体中への伝熱を**対流伝熱**(convection heating)という．対流による伝熱には，**自然対流**(natural convection)と**強制対流**(forced convection)があるが，化学プロセスでは強制対流による伝熱が主となる．ここでは，強制対流における，固体壁から流動する流体中への熱の移動について見ていこう．

14.1　固体と液体間の対流伝熱

　第10章でも述べたように，流体がどんなに激しい乱流で流れていても，固体と流体の接触面付近には層流の流体境膜が存在する．固体壁と流体との間で伝熱が行われる場合，この境膜は薄いにもかかわらず大きな伝熱抵抗を示し，その内部の温度差はきわめて大きくなる．一方，流体本体では対流による流体混合が活発であるため，熱は非常に迅速に伝わる．そのため，流体本体中の温度差は境膜内での温度差に比べてはるかに小さい．

　上述したことを図に示すと図14.1のような温度分布になる．境膜間(厚さx_f)では，表面温度t_wから境膜端温度t_{f1}までほぼ直線的に急激に温度が低下する．境膜から出ると温度の減少は緩やかになり，流体はほぼ一定の温度t_{f2}になる．しかし，実際には境膜厚さx_f，境膜端温度t_{f1}を正確に測定することは難しいので，図14.1の破線で示すような近似的な直線的温度変化を仮定し，表面温度から流体平均温度$t_{f\cdot av}$まで温度が下がるものとする．また，このときの伝熱距離xを**有効境膜**(effective film)という．この有効境膜間の流体の熱伝導

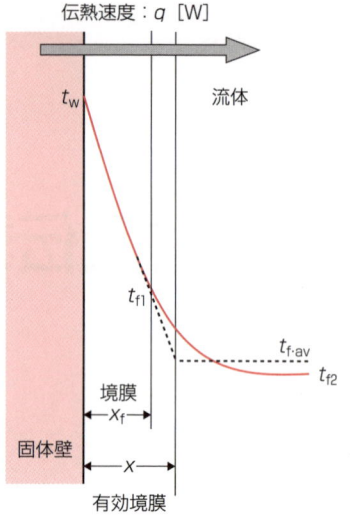

図 14.1 固体—流体間の対流伝熱

度を k_f とおくと,式(13.3)より固体面から流体本体までの伝熱速度は,次式で表される.

$$q = k_f A \frac{t_w - t_{f \cdot av}}{x} = \frac{k_f}{x} A (t_w - t_{f \cdot av}) \tag{14.1}$$

ここで

$$h = \frac{k_f}{x} \tag{14.2}$$

とおくと,式(14.1)は次のように表すことができる.

$$q = hA(t_w - t_{f \cdot av}) \tag{14.3}$$

比例定数 h は**境膜伝熱係数**(film coefficient of heat transfer)と呼ばれ,その単位は $J \cdot m^{-2} \cdot s^{-1} \cdot K^{-1}$ または $W \cdot m^{-2} \cdot K^{-1}$ である.この境膜伝熱係数 h の値は,流体の物性,流れの状態,伝熱面の形状などにより複雑に変化するため,流れが層流で系の形状が単純な場合を除いて,理論的に求めることが難しい.そのため,一般的には実験により h の値が得られる(14.3節で,その解析の仕方と,境膜伝熱係数 h と諸因子との関係を紹介する).

ここで,流体平均温度 $t_{f \cdot av}$ は流体境膜部と流体本体の全体を混合したときの平均温度であるが,流体境膜部の量は流体本体量と比較してきわめて量が少ないので,流体平均温度を流体本体の温度としてもよい.

14.2 固体壁を挟んだ二つの流体間の対流伝熱

化学プロセスでは，温度の異なる2種類の流体間での熱の授受を行うことが多く，その操作には熱交換器が用いられる．その基本的な仕組みは第15章で学習する．

ここでは高温流体と低温流体が固体壁を隔てて定常状態で流れているときの伝熱速度について考える．図14.2のように高温流体(温度 t_h)から低温流体(温度 t_c)へ固体壁を通して熱が伝わるとき，固体壁の高温流体に接した面の温度を t_{wh}，低温流体に接した面の温度を t_{wc} とする．このとき，定常状態にあるので，高温流体の境膜，固体壁，低温流体の境膜を通過する伝熱速度は，固体平面多層壁の定常状態における伝導伝熱のとき(式13.5)と同じようにすべて等しくなる．したがって，これらを次式で表すことができる．

$$q = h_h A_h (t_h - t_{wh}) = kA_{lm}\frac{t_{wh} - t_{wc}}{x} = h_c A_c (t_{wc} - t_c)$$
$$= \frac{t_h - t_c}{(1/h_h A_h) + (x/kA_{lm}) + (1/h_c A_c)} \tag{14.4}$$

ただし，h_h，h_c はそれぞれ高温流体側(下添字 h)，低温流体側(下添字 c)の境膜伝熱係数，A_h，A_c はそれぞれ高温流体側，低温流体側の固体表面積，A_{lm} は A_h と A_c の対数平均値，x は固体壁厚さ，k は固体壁の熱伝導度である．

式(14.4)は式(13.7)と同じ形なので，分母の各括弧内($1/h_h A_h$，x/kA_{lm}，$1/h_c A_c$)はそれぞれ高温流体側の境膜，固体壁，低温流体側の境膜の伝熱抵抗を表す．したがって，式(14.4)の分母は全伝熱抵抗を表している．ここで，全伝熱抵抗を $1/U_h A_h$，$1/U_{lm} A_{lm}$，$1/U_c A_c$ とおくと，次式が得られる．

$$\frac{1}{U_h A_h} = \frac{1}{U_{lm} A_{lm}} = \frac{1}{U_c A_c} = \frac{1}{h_h A_h} + \frac{x}{kA_{lm}} + \frac{1}{h_c A_c} \tag{14.5}$$

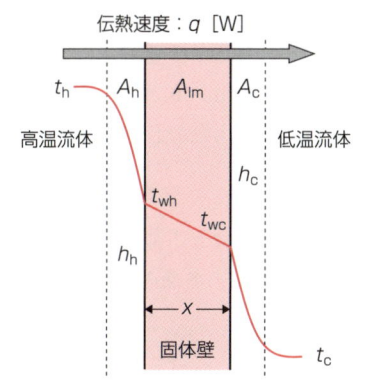

図14.2 固体壁を通しての対流伝熱

この U_h を面積 A_h 基準の**総括伝熱係数**(overall coefficient of heat transfer)といい，単位は境膜伝熱係数 h と同じ $J \cdot m^{-2} \cdot s^{-1} \cdot K^{-1}$ または $W \cdot m^{-2} \cdot K^{-1}$ である．
　式(14.5)を式(14.4)に代入すると

$$q = U_h A_h (t_h - t_c) = U_{lm} A_{lm} (t_h - t_c) = U_c A_c (t_h - t_c) \tag{14.6}$$

となり，伝熱速度は，A_h，A_{lm}，A_c 基準の総括伝熱係数 U_h，U_{lm}，U_c を用いて表すことができる．

　固体表面が清浄な場合は，式(14.5)の流体側境膜，固体壁，低温流体側境膜の三つを伝熱抵抗として考慮すればよいが，長期間熱交換を行う熱交換器などでは伝熱面に**スケール**(scale：汚れ)が付着して，大きな伝熱抵抗を与える．したがって，熱交換器などの伝熱装置を設計するときには，スケールによる伝熱抵抗をあらかじめ考慮する必要がある．この伝熱抵抗を境膜伝熱抵抗と同じように取り扱うために，固体壁表面の**汚れ係数**(scale coefficient)h_s $[J \cdot m^{-2} \cdot s^{-1} \cdot K^{-1}]$ または $[W \cdot m^{-2} \cdot K^{-1}]$ を導入する．固体表面の高温流体側，低温流体側の汚れ係数をそれぞれ h_{sh}，h_{sc} とすると，式(14.5)は次のように書き換えることができる．

$$\frac{1}{U_h A_h} = \frac{1}{U_{lm} A_{lm}} = \frac{1}{U_c A_c} = \frac{1}{h_h A_h} + \frac{x}{k A_{lm}} + \frac{1}{h_c A_c} + \frac{1}{h_{sh} A_h} + \frac{1}{h_{sc} A_c} \tag{14.7}$$

汚れ係数 h_s の値は流体の種類や温度，汚れ方などによって異なり，経験的に求められた値を用いる．

例題 14.1 内径 30.0 mm，外径 40.0 mm の鋼管（$k = 46.5$ W$\cdot$m$^{-1}\cdot$K^{-1}）の内部を流れるアルコールを，管外から水で冷却する伝熱装置がある．管内アルコール側，管外水側の境膜伝熱係数をそれぞれ 1000，2000 W$\cdot$m$^{-2}\cdot$K^{-1} として，管内面基準の総括伝熱係数の値を求めよ．また，管内側，管外側の汚れ係数をそれぞれ 6000，3000 W$\cdot$m$^{-2}\cdot$K^{-1} としたときの管内面基準の総括伝熱係数を計算し，汚れの付着により総括伝熱係数が何%低下するか答えよ．

【解答】　管内面を 1，外面を 2 とし，管内面基準の総括伝熱係数を U_1 とすると，式(14.5)から総括伝熱係数を求めることができる．管の長さを L とすると，$A = \pi d L$ で表せるので，各面の面積を計算すると，それぞれ次のようになる．

$$A_1 = \pi d_1 L = 30 \times 10^{-3} \pi L \,[\mathrm{m}^2]$$
$$A_2 = \pi d_2 L = 40 \times 10^{-3} \pi L \,[\mathrm{m}^2]$$

さらに，A_1 と A_2 の対数平均値 A_{lm} を式(14.2)から求めると，次のようになる．

$$A_{\mathrm{lm}} = \frac{A_2 - A_1}{\ln\left(\dfrac{A_2}{A_1}\right)} = \frac{40 \times 10^{-3} \pi L - 30 \times 10^{-3} \pi L}{\ln\left(\dfrac{40 \times 10^{-3} \pi L}{30 \times 10^{-3} \pi L}\right)}$$
$$= 3.48 \times 10^{-2} \pi L \,[\mathrm{m}^2]$$

管壁厚さは，$x = (d_2 - d_1)/2 = 5.0 \times 10^{-3}\,[\mathrm{m}]$ である．式(14.5)を変形してそれらの値を代入すると

$$\frac{1}{U_1} = \frac{1}{h_1} + \frac{x A_1}{k A_{\mathrm{lm}}} + \frac{A_1}{h_2 A_2}$$
$$= \frac{1}{1000} + \frac{5.0 \times 10^{-3} \times 30 \times 10^{-3} \pi L}{46.5 \times 3.48 \times 10^{-2} \pi L} + \frac{30 \times 10^{-3} \pi L}{2000 \times 40 \times 10^{-3} \pi L}$$
$$= 1.468 \times 10^{-3}$$
$$\therefore\ U_1 = \frac{1}{1.468 \times 10^{-3}} = 681\,\mathrm{W \cdot m^{-2} \cdot K^{-1}}$$

汚れの付着による伝熱抵抗を考慮する場合には，式(14.7)が適用できるので，総括伝熱係数を U_1' とすると

$$\frac{1}{U_1'} = \frac{1}{h_1} + \frac{x A_1}{k A_{\mathrm{lm}}} + \frac{A_1}{h_2 A_2} + \frac{1}{h_{\mathrm{s}1}} + \frac{A_1}{h_{\mathrm{s}2} A_2}$$
$$= 1.468 \times 10^{-3} + \frac{1}{6000} + \frac{30 \times 10^{-3} \pi L}{3000 \times 40 \times 10^{-3} \pi L}$$
$$= 1.885 \times 10^{-3}$$
$$\therefore\ U_1' = \frac{1}{1.885 \times 10^{-3}} = 531\,\mathrm{W \cdot m^{-2} \cdot K^{-1}}$$

よって，汚れの付着により総括伝熱係数は，$\{(681 - 531)/681\} \times 100 = 22.0\%$ 低下する．

本例題では式(14.5)に各面積を代入して求めたが，各管径を用いて次のように表すこともできる．

$$\frac{1}{U_1} = \frac{1}{h_1} + \frac{x A_1}{k A_{\mathrm{lm}}} + \frac{A_1}{h_2 A_2} = \frac{1}{h_1} + \frac{x \cdot \pi d_1 L}{k \cdot \pi d_{\mathrm{lm}} L} + \frac{\pi d_1 L}{h_2 \cdot \pi d_2 L}$$
$$= \frac{1}{h_1} + \frac{x d_1}{k d_{\mathrm{lm}}} + \frac{d_1}{h_2 d_2}$$

14.3　次元解析と境膜伝熱係数の実験式

化学工学で取り扱う物理現象では，さまざまな因子の影響のため理論的な解析が困難なものが多く，実験的な解析を行う必要があるが，そのデータ処理も煩雑である．このような場合，**次元解析**(dimensional analysis)を行うことで各因子間の関数関係をある程度予測したり，実験量を減らすことができたり，実験結果から関係式を比較的簡単に導けたりする．

例として，境膜伝熱係数を取りあげる．境膜伝熱係数に影響を及ぼす因子は，流体の物性値，流動状態，伝熱面の形状などきわめて多い．次元解析により，境膜伝熱係数の基本式を導いてみよう．

円管内の流れについては，液体の沸騰や蒸気の凝縮が起こらない場合の伝熱に関与する因子として，流体の密度 ρ [kg·m^{-3}]，粘度 μ [Pa·s]，定圧比熱容量 c_p [J·kg^{-1}·K^{-1}]，熱伝導度 k [W·m^{-1}·K^{-1}]，平均流速 $\bar{u}$ [m·s^{-1}]，管径 d [m]，円管長さ L [m]が考えられる．境膜伝熱係数が各因子のべき関数の積で表されるものと仮定すると，次式が成り立つ．

$$h = \alpha \cdot \rho^A \cdot \mu^B \cdot c_p^C \cdot k^D \cdot \bar{u}^E \cdot d^F \cdot L^G \tag{14.8}$$

☞ **one rank up !**
なぜべき関数で表されるのか
組立単位は基本単位の掛け算・割り算で表される．すなわち，各基本単位のべき関数の形で表される．次元解析を行う場合は，その事象にかかわるすべての要素単位を掛け合わせて基本単位ごとにべき乗で整理することにより，その事象の物理量間の関係を把握することが可能となる．

α, A, B, C, D, E, F, Gは無次元の定数である．式(14.8)が成り立つとき，両辺の各基本量の次元のべき数が一致する必要がある．境膜伝熱係数 h の単位は W·m^{-2}·K^{-1} であり，SI基本単位系で表すと，境膜伝熱係数 h の単位は

$$\text{W/m}^2\cdot\text{K} = (\text{J/s})/\text{m}^2\cdot\text{K} = \{(\text{kg}\cdot\text{m}^2/\text{s}^2)/\text{s}\}/\text{m}^2\cdot\text{K} = \text{kg}\cdot\text{s}^{-3}\cdot\text{K}^{-1}$$

となる．各基本量の kg, m, s, K のべき数が両辺で等しくなるので

　流体の密度 ρ の単位：kg·m^{-3}
　粘度 μ の単位：Pa·s = (N/m^2)·s = {(kg·m/s^2)/m^2}·s = kg·m^{-1}·s^{-1}
　定圧比熱容量 c_p の単位：J/kg·K = (N·m)/kg·K
　　　　　　　　　　　　　 = {(kg·m/s^2)·m}/kg·K = m^2·s^{-2}·K^{-1}
　熱伝導度 k の単位：W/m·K = (kg·m^2/s^3)/m·K = kg·m·s^{-3}·K^{-1}
　平均流速 $\bar{u}$ の単位：m·s^{-1}
　円管直径 d の単位：m
　円管長さ L の単位：m

よって，各単位について次の式が成り立つ．

$$\text{kg}: 1 = A + B + D \tag{14.9a}$$
$$\text{m}: 0 = -3A - B + 2C + D + E + F + G \tag{14.9b}$$
$$\text{s}: -3 = -B - 2C - 3D - E \tag{14.9c}$$

$$\mathrm{K}: -1 = -C - D \tag{14.9d}$$

これら四式から，$B = C - A$，$D = 1 - C$，$E = A$，$F = A - G - 1$ となるので，式(14.8)は次のようになる．

$$h = \alpha \cdot \rho^A \cdot \mu^{C-A} \cdot c_\mathrm{p}^C \cdot k^{1-C} \cdot \bar{u}^A \cdot d^{A-G-1} \cdot L^G \tag{14.10}$$

式(14.10)を各係数で整理すると，次式になる．

$$h = \alpha \cdot \left(\frac{d\bar{u}\rho}{\mu}\right)^A \cdot \left(\frac{c_\mathrm{p}\mu}{k}\right)^C \cdot \left(\frac{L}{d}\right)^G \cdot \frac{k}{d} \tag{14.11}$$

ここで，$Nu = hd/k$，$Re = d\bar{u}\rho/\mu$，$Pr = c_\mathrm{p}\mu/k$ とおくと，式(14.11)は次式のように整理される．

$$Nu = \alpha \cdot Re^A \cdot Pr^C \cdot \left(\frac{L}{d}\right)^G \tag{14.12}$$

Re は10.3節で紹介した，流れの状態を表す無次元数レイノルズ数(Reynolds number)である．Nu は境膜伝熱係数を無次元化したもので，**ヌッセルト数**(Nusselt number)と呼ばれる．また，Pr は流体の熱的性質を表す無次元数で**プラントル数**(Prandtl number)と呼ばれる．

式(14.12)より，Nu は Re(対流の混合状態や境膜厚さに影響)，Pr(流体の熱的性質)，および L/d の関数になることがわかる．式(14.12)の α，A，C，G の各係数は実験によって決定すべき定数である．

次元解析を行うことにより，次元解析前に七つあった因子を，流れの状態，流体の性質などの具体的な検討項目に絞ることができる．七つの因子と境膜伝熱係数との関係は直接グラフ化できないが，これにより Nu と Re の関係または Nu と Pr の関係のようにそれぞれグラフ化が可能となり，因子を変化させたときに Nu がどのように変化するのか具体的に検討しやすくなる．

また図14.3で示すように，固体壁と流体が接する面の温度が t_1，流体本体温度が t_2 であるとき，曲線の温度分布を示す対流伝熱と，流体が静止してまったく対流がなく破線のような直線の温度分布を示す流体中の伝導伝熱の比がヌッセルト数 Nu である．したがって，対流が起こってその度合いが大きくなるほど境膜が薄くなり熱が伝わりやすくなるので，Nu 数はより大きな値を取ることになる．

化学工学には，これまでに本書で出てきた Re，Nu，Pr の他にもさまざまな無次元数が存在し，諸因子が複雑に絡んだ現象に無次元数を適用することでうまく解析している．

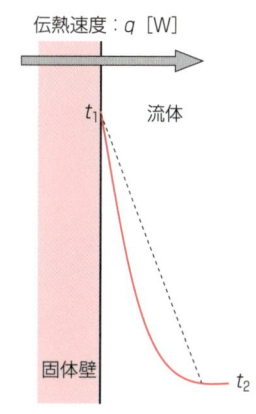

図14.3 ヌッセルト数の説明図

14.3.1 管内乱流の場合

円管内を乱流で流れる流体と管壁との間の伝熱は化学プロセスにおいてたいへん重要なので，この場合の Nu （境膜伝熱係数 h）については多くの実験的研究がある．

$Re > 10^4$ で，管の長さが十分に長い場合 $(L/d > 60)$ は，次式が成り立つ．

$$Nu = 0.023\, Re^{0.8} Pr^{0.4} \quad \left(\therefore\ \frac{hd}{k} = 0.023\left(\frac{d\bar{u}\rho}{\mu}\right)^{0.8}\left(\frac{c_{\mathrm{p}}\mu}{k}\right)^{0.4}\right) \quad (14.13)$$

このとき，Re と Pr との計算には，流体本体温度 t_{f} と管壁平均温度 t_{w} の平均値における温度の物性値を用いる．なおこの式(14.13)は，$Pr = 0.7 \sim 10$ の範囲では $Re = 2100 \sim 10^4$ の乱流域でも成立する．

また管路の断面が円形でない場合，10.3節と同様に，管径 d の代わりに，**相当直径**（equivalent diameter）d_{e} を用いればよい．伝熱的相当直径 d_{e} は次のように表すことができる(必ずしも流れの相当直径と一致するものではない)．

$$d_{\mathrm{e}} = \frac{4S}{L} \quad (S：流れの断面積[\mathrm{m}^2],\ L：伝熱辺長さ[\mathrm{m}]) \quad (14.14)$$

たとえば，図14.4のような外管内径 d_1 と内管外径 d_2 に挟まれた環状路を流れる流体が，内管外表面で伝熱している場合，伝熱的相当直径 d_{e} は次のように求まる．

$$d_{\mathrm{e}} = \frac{4\frac{\pi}{4}(d_1{}^2 - d_2{}^2)}{\pi d_2} = \frac{d_1{}^2 - d_2{}^2}{d_2} \quad (14.15)$$

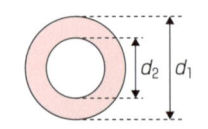

図14.4 環状路内管壁での伝熱

14.3.2 管内層流の場合

$Re < 2100$ の層流域では，熱が伝導伝熱だけで流体中を伝わると仮定して導出した理論式を実測値にあうように修正した，次に示す実験式(14.16)が適用できる．

$$Nu = 1.86 Re^{\frac{1}{3}} Pr^{\frac{1}{3}} \left(\frac{d}{L}\right)^{\frac{1}{3}} \left(\frac{\mu}{\mu_{\mathrm{w}}}\right)^{0.14}$$

$$\left(\therefore\ \frac{hd}{k} = 1.86\left(\frac{d\bar{u}\rho}{\mu}\right)^{\frac{1}{3}}\left(\frac{c_{\mathrm{p}}\mu}{k}\right)^{\frac{1}{3}}\left(\frac{d}{L}\right)^{\frac{1}{3}}\left(\frac{\mu}{\mu_{\mathrm{w}}}\right)^{0.14}\right) \quad (14.16)$$

ここで，L は管長，μ_{w} は伝熱壁面温度 t_{w} における流体粘度である．その他の値は流体本体温度 t における値である．

例題 14.2 360 kg·h^{-1} の流量である流体を内径 30.0 mm，長さ 4.00 m の管内に流し，これを管外から水蒸気によって加熱している．流体の平均温度を 80 ℃，管内壁温度を 130 ℃として，流体と管壁間の境膜伝熱係数を計算せよ．ただし，80 ℃における流体の物性値は，定圧比熱 2010 J·kg^{-1}·K^{-1}，熱伝導度 0.142 W·m^{-1}·K^{-1}，粘度 5.30 mPa·s とする．また，130 ℃における流体の粘度は 2.90 mPa·s とする．

【解答】 管内を流れる流体の Re 数は，式(10.24)より計算できる．ここで，式(10.5)の $w = S\bar{u}\rho$ より，$\bar{u}\rho = w/S = 4w/\pi d^2$ となり，$Re = d\bar{u}\rho/\mu = (d/\mu)\cdot(4w/\pi d^2) = 4w/\pi\mu d$ となる．管径，質量流量，粘度をそれぞれ SI 単位系に変換すると次のようになる．

管径：$d = 30$ mm $= 3.0 \times 10^{-2}$ m

質量流量：$w = 360 \dfrac{\text{kg}}{\text{h}} \cdot \dfrac{1\,\text{h}}{3600\,\text{s}} = 0.10$ kg·s^{-1}

粘度：$\mu = 5.3$ mPa·s $= 5.3 \times 10^{-3}$ Pa·s

これらを代入すると Re 数が求まり，流れの状態がわかる．

$$Re = \frac{4w}{\pi\mu d} = \frac{4 \times 0.10}{\pi \cdot 5.3 \times 10^{-3} \cdot 3.0 \times 10^{-2}} = 801\,(<2100) \quad \therefore\ \text{層流}$$

流れが層流なので，式(14.16)を適用できる．130 ℃の管壁近傍での流体粘度は，$\mu = 2.90 \times 10^{-3}$ Pa·s なので，これらの値を代入して

$$Nu = 1.86 Re^{\frac{1}{3}} Pr^{\frac{1}{3}} \left(\frac{d}{L}\right)^{\frac{1}{3}} \left(\frac{\mu}{\mu_{\text{W}}}\right)^{0.14}$$

$$\therefore\ h = 1.86 \cdot \frac{k}{d} \left(\frac{d\bar{u}\rho}{\mu}\right)^{\frac{1}{3}} \left(\frac{c_{\text{p}}\mu}{k}\right)^{\frac{1}{3}} \left(\frac{d}{L}\right)^{\frac{1}{3}} \left(\frac{\mu}{\mu_{\text{W}}}\right)^{0.14}$$

$$= 1.86 \cdot \frac{0.142}{3.0 \times 10^{-2}} (801)^{\frac{1}{3}} \left(\frac{2010 \times 5.3 \times 10^{-3}}{0.142}\right)^{\frac{1}{3}}$$

$$\left(\frac{3.0 \times 10^{-2}}{4}\right)^{\frac{1}{3}} \left(\frac{5.3 \times 10^{-3}}{2.9 \times 10^{-3}}\right)^{0.14}$$

$$= 73.4\ \text{W·m}^{-2}\text{·K}^{-1}$$

章末問題

1. 内径 40 mm，外径 50 mm の鋼管（$k = 46.5$ W·m^{-1}·K^{-1}）の内部を流れる水を，管外から空気により冷却する伝熱装置がある．管内水側，管外空気側

の境膜伝熱係数をそれぞれ 1000, 50 W·m^{-2}·K^{-1} として管内面基準の総括伝熱係数の値を求めよ.

2] **1]** で鋼管の代わりに銅管 ($k = 380$ W·m^{-1}·K^{-1}) を用いた場合, 総括伝熱係数はいくらになり, 何%大きくなるか.

3] 内径 25 mm の冷却管内に水を 1.2 m·s^{-1} で流し, 管外部の蒸気を凝縮する蒸気凝縮器がある. この冷却水の平均温度が 35 ℃ のとき, 水側の境膜伝熱係数を求めよ. ただし, 35 ℃ の水の密度を 994 kg·m^{-3}, 粘度を 0.72 mPa·s, 比熱容量を 4186 J·kg^{-1}·K^{-1}, 熱伝導度を 0.615 W·m^{-1}·K^{-1} とする.

第15章 熱交換器

【この章の概要】

化学プロセスでは，**熱交換器**(heat exchanger)を用いて，固体壁を隔てて流れる高温流体から低温流体に熱を移動させる．伝導伝熱（第13章）と強制対流（第14章）を主な伝熱機構とした熱交換器が広く利用されている．

ここでは，固体壁を隔てた流体から他方の流体へ熱を伝える対流伝熱装置について見ていこう．

☞ one rank up !
熱交換器の種類
熱交換の目的に応じて，加熱器(heater)，冷却器(cooler)，蒸発器(evaporator)，凝縮器(condenser)などに分類されるが，名称が異なっていても装置の形式や構造はまったく同じである場合が多い．

15.1 熱交換器の構造

熱交換器にはさまざまな構造のものがあるが，図15.1に**二重管式**(double-pipe type)熱交換器と**多管式**(multi-pipe type)熱交換器の基本構造を示す．

二重管式熱交換器は，内管と外管からなるもっとも簡単な熱交換器で，基本的にはリービッヒ冷却器と同じ構造である．この熱交換器は，熱交換すべき流体が少量のときや高圧流体を取り扱う場合によく用いられる．図15.1（b）のように内管内部と**環状路**(annular space，外管内部と内管外部との間の流路)を流れる流体が管壁を通して熱交換する．

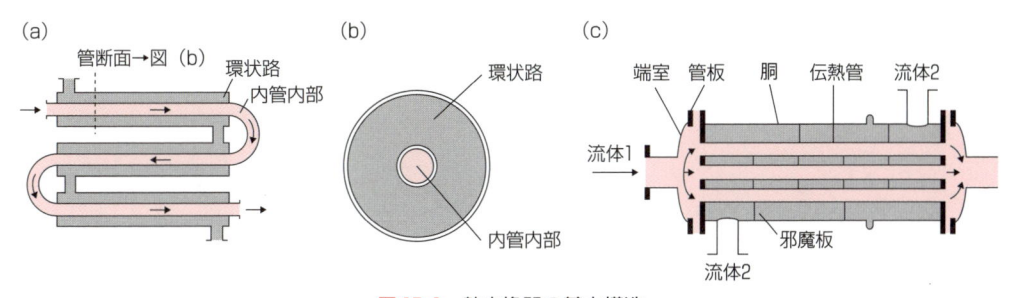

図15.1 熱交換器の基本構造
（a）二重管式，（b）二重管の管断面，（c）多管式．

一般に，内管には高圧流体を流し，環状路には漏れても危険のない流体や低圧流体を流す．また後述するが，内管と環状路を流れるそれぞれの流体の向きが反対になるように流す**向流**(counter-current)方式が一般的に用いられる．

多管式熱交換器は，図 15.1 (c)のように，多数の伝熱管の**管束**(tube bundle)を円筒形の**胴**(シェル：shell)の内部に収めたもので，管内，胴と管束の隙間部分にそれぞれ流体を流すことで熱交換する装置である．伝熱面積の割に安価で，装置容積が小さいなどの利点をもつため，もっとも広く用いられている．

> **one rank up !**
> **管式熱交換器の流体の流し方**
> 熱交換させる二つの流体のうち，管内に流す流体は①掃除の点から汚い流体，②胴に高価な材料の使用を避けるために腐食性流体，③高圧流体，が選ばれる．管外側の流体としては，流体の乱れを増すために，④量の少ない流体，⑤高粘性流体，が選ばれることが多い．

15.2 熱交換器の伝熱面積の計算

図 15.2 に示したような向流式二重管式熱交換器について考える．内管に比熱容量 c_h [J·kg^{-1}·K^{-1}]の高温流体(下添字 h)が質量流量 w_h [kg·s^{-1}]で流れており，t_{h1} [K]から t_{h2} [K]まで冷却される．一方，環状路には比熱容量 c_c [J·kg^{-1}·K^{-1}]の低温流体(下添字 c)が質量流量 w_c [kg·s^{-1}]で高温流体とは反対方向の向流で流れ，t_{c2} [K]から t_{c1} [K]まで加熱される(添え字 1，2 はそれぞれ左端，右端を示している)．

外部との熱交換がまったくないものとして，装置全体の熱収支を考える．定常状態において，高温流体が失う熱量は低温流体が得る熱量に等しいので，次式が得られる．

$$q = w_h c_h (t_{h1} - t_{h2}) = w_c c_c (t_{c1} - t_{c2}) \tag{15.1}$$

ここで，q [J·s^{-1}]はこの装置における装置全体の伝熱速度を表す．

次に，左端 1 からの距離 l の位置に任意の断面を考え，この位置の高温流体温度を t_h，低温流体温度を t_c，さらに距離 l から右に微小区間 dl の位置の高温

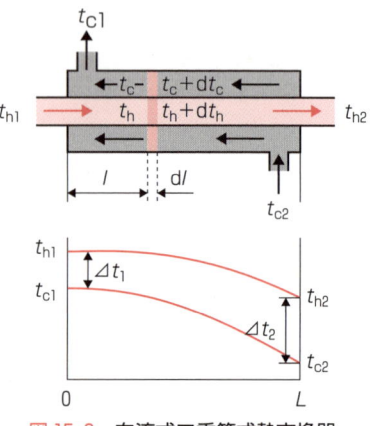

図 15.2 向流式二重管式熱交換器

流体温度を $t_\mathrm{h} + dt_\mathrm{h}$, 低温流体温度を $t_\mathrm{c} + dt_\mathrm{c}$ とすると, この微小区間における熱収支は, 次式で表される.

$$dq = w_\mathrm{h} c_\mathrm{h} \{t_\mathrm{h} - (t_\mathrm{h} + dt_\mathrm{h})\} = w_\mathrm{c} c_\mathrm{c} \{t_\mathrm{c} - (t_\mathrm{c} + dt_\mathrm{c})\}$$
$$= -w_\mathrm{h} c_\mathrm{h} dt_\mathrm{h} = -w_\mathrm{c} c_\mathrm{c} dt_\mathrm{c} \tag{15.2}$$

式(15.2)はさらに次のように式変形できる.

$$dq = -\frac{dt_\mathrm{h}}{1/w_\mathrm{h} c_\mathrm{h}} = -\frac{dt_\mathrm{c}}{1/w_\mathrm{c} c_\mathrm{c}} = \frac{-d(t_\mathrm{h} - t_\mathrm{c})}{1/w_\mathrm{h} c_\mathrm{h} - 1/w_\mathrm{c} c_\mathrm{c}} \tag{15.3}$$

$$\left(\because \ \frac{b}{a} = \frac{d}{c} = \frac{b+d}{a+c} : \text{加比の定理}\right)$$

また, dq は式(14.6)を適用すると, 次式で表すことができる.

$$dq = U(t_\mathrm{h} - t_\mathrm{c})dA \tag{15.4}$$

式(15.3)と式(15.4)は等しいので整理すると, 次式が得られる.

$$\frac{-d(t_\mathrm{h} - t_\mathrm{c})}{t_\mathrm{h} - t_\mathrm{c}} = U\left(\frac{1}{w_\mathrm{h} c_\mathrm{h}} - \frac{1}{w_\mathrm{c} c_\mathrm{c}}\right)dA \tag{15.5}$$

この式を左端1から右端2まで積分すると, 左端の温度差 $\Delta t_1 = t_\mathrm{h1} - t_\mathrm{c1}$, 右端の温度差 $\Delta t_2 = t_\mathrm{h2} - t_\mathrm{c2}$ であり, 伝熱面積 A は0から A まで変化するので

$$-\int_{t_\mathrm{h1}-t_\mathrm{c1}}^{t_\mathrm{h2}-t_\mathrm{c2}} \frac{d(t_\mathrm{h} - t_\mathrm{c})}{t_\mathrm{h} - t_\mathrm{c}} = U\left(\frac{1}{w_\mathrm{h} c_\mathrm{h}} - \frac{1}{w_\mathrm{c} c_\mathrm{c}}\right)\int_0^A dA$$

$$-\Big[\ln(t_\mathrm{h} - t_\mathrm{c})\Big]_{t_\mathrm{h1}-t_\mathrm{c1}}^{t_\mathrm{h2}-t_\mathrm{c2}} = U\left(\frac{1}{w_\mathrm{h} c_\mathrm{h}} - \frac{1}{w_\mathrm{c} c_\mathrm{c}}\right)A$$

$$\ln\left(\frac{t_\mathrm{h2} - t_\mathrm{c2}}{t_\mathrm{h1} - t_\mathrm{c1}}\right) = U\left(\frac{1}{w_\mathrm{c} c_\mathrm{c}} - \frac{1}{w_\mathrm{h} c_\mathrm{h}}\right)A$$

$$\ln\left(\frac{\Delta t_2}{\Delta t_1}\right) = U\left(\frac{1}{w_\mathrm{c} c_\mathrm{c}} - \frac{1}{w_\mathrm{h} c_\mathrm{h}}\right)A \tag{15.6}$$

次に, 式(15.3)を積分すると

$$\left(\frac{1}{w_\mathrm{h} c_\mathrm{h}} - \frac{1}{w_\mathrm{c} c_\mathrm{c}}\right)\int_0^q dq = -\int_{t_\mathrm{h1}-t_\mathrm{c1}}^{t_\mathrm{h2}-t_\mathrm{c2}} d(t_\mathrm{h} - t_\mathrm{c})$$

$$\left(\frac{1}{w_\mathrm{h} c_\mathrm{h}} - \frac{1}{w_\mathrm{c} c_\mathrm{c}}\right)q = -\Big[t_\mathrm{h} - t_\mathrm{c}\Big]_{t_\mathrm{h1}-t_\mathrm{c1}}^{t_\mathrm{h2}-t_\mathrm{c2}}$$

$$q = \frac{1}{1/w_\mathrm{c} c_\mathrm{c} - 1/w_\mathrm{h} c_\mathrm{h}}\{(t_\mathrm{h2} - t_\mathrm{c2}) - (t_\mathrm{h1} - t_\mathrm{c1})\}$$

$$q = \frac{1}{1/w_\mathrm{c} c_\mathrm{c} - 1/w_\mathrm{h} c_\mathrm{h}}(\Delta t_2 - \Delta t_1) \tag{15.7}$$

式(15.6)と式(15.7)より, 次式が得られる.

162 ◆ 第15章 熱交換器

$$q = \frac{UA}{\ln\left(\frac{\Delta t_2}{\Delta t_1}\right)}(\Delta t_2 - \Delta t_1) = UA \frac{(\Delta t_2 - \Delta t_1)}{\ln\left(\frac{\Delta t_2}{\Delta t_1}\right)} = UA\Delta t_{lm} \tag{15.8}$$

ここで Δt_{lm} は，左端と右端の温度差 Δt_1 と Δt_2 の対数平均である．この式の形は式(14.6)と同じである．

式(15.1)と式(15.8)が熱交換器設計のための基礎式となる．これらの式は向流として導出したが，**並流**(co-current flow)でも同様に成り立つ．

例題 15.1 90.0℃，標準大気圧の空気 0.100 kg·s^{-1} を 15.0℃ の水 3.60 kg·s^{-1} と向流に流して 30.0℃ まで冷却する二重管式の熱交換器を作りたい．外管には外径 67.0 mm，内径 60.0 mm，内管には外径 40.0 mm，内径 33.0 mm の鋼管を使用し，内管に空気，環状路に水を流すとき，所要管長を求めよ．ただし，空気，水の比熱容量はそれぞれ 1005，4186 J·kg^{-1}·K^{-1}，空気側(内管内表面)，水側(内管外表面)の境膜伝熱係数はそれぞれ 290，1500 W·m^{-2}·K^{-1}，鋼管の熱伝導度は 46.5 W·m^{-1}·K^{-1} とする．

【解答】 熱交換器の空気の入口側を 1，出口側を 2 とすると，$t_{air1} = 90.0$，$t_{air2} = 30.0$，$t_{water2} = 15.0$℃ なので，q，t_{water1} は式(15.1)より

$$q = w_{air}c_{air}(t_{air1} - t_{air2}) = w_{water}c_{water}(t_{water1} - t_{water2})$$
$$= 0.10 \times 1005(90.0 - 30.0) = 3.60 \times 4186(t_{water1} - 15.0)$$
$$= 6030 \text{ W}$$
$$\therefore \quad t_{water1} = 15.4 \text{ ℃}$$

ここで，伝熱面である内管内面，外面をそれぞれ air，water とし，管内面基準の総括伝熱係数を U_{air} とすると，式(14.5)から総括伝熱係数を求めることができる．まず，内管の内径，外径を SI 単位系で表す．

内管内径：$d_{air} = 33$ mm $= 3.3 \times 10^{-2}$ m
内管外径：$d_{water} = 40$ mm $= 4.0 \times 10^{-2}$ m

管の長さを L [m] とすると，$A = \pi d L$ で表せるので，各面の面積を計算すると

$$A_{air} = \pi d_{air} L = 3.3 \times 10^{-2} \pi L \text{ [m}^2\text{]}$$
$$A_{water} = \pi d_{water} L = 4.0 \times 10^{-2} \pi L \text{ [m}^2\text{]}$$

さらに，A_{air} と A_{water} の対数平均値 A_{lm} を式(14.2)から求めると，次のようになる．

$$A_{lm} = \frac{A_{water} - A_{air}}{\ln\left(\frac{A_{water}}{A_{air}}\right)} = \frac{4.0 \times 10^{-2} \pi L - 3.3 \times 10^{-2} \pi L}{\ln\left(\frac{4.0 \times 10^{-2} \pi L}{3.3 \times 10^{-2} \pi L}\right)}$$
$$= 3.64 \times 10^{-2} \pi L \, [\text{m}^2]$$

管壁厚さは，$x = (d_{water} - d_{air})/2 = (4.0 \times 10^{-2} - 3.3 \times 10^{-2})/2 = 3.5 \times 10^{-3}$ m である．式(14.5)を変形して，それらの値を代入すると

$$\frac{1}{U_{air}} = \frac{1}{h_{air}} + \frac{xA_{air}}{kA_{lm}} + \frac{A_{air}}{h_{water}A_{water}}$$
$$= \frac{1}{290} + \frac{3.5 \times 10^{-3} \times 3.3 \times 10^{-2} \pi L}{46.5 \times 3.64 \times 10^{-2} \pi L} + \frac{3.3 \times 10^{-2} \pi L}{1500 \times 4.0 \times 10^{-2} \pi L}$$
$$= 4.067 \times 10^{-3}$$
$$\therefore U_{air} = \frac{1}{4.067 \times 10^{-3}} = 246 \, \text{W}\cdot\text{m}^{-2}\cdot\text{K}^{-1}$$

$\Delta t_1 = t_{air1} - t_{water1} = 90.0 - 15.4 = 74.6$ K，$\Delta t_2 = t_{air2} - t_{water2} = 30.0 - 15.0 = 15.0$ K なので，Δt_1 と Δt_2 の対数平均 Δt_{lm} は式(14.2)より

$$\Delta t_{lm} = \frac{\Delta t_2 - \Delta t_1}{\ln\left(\frac{\Delta t_2}{\Delta t_1}\right)} = \frac{15.0 - 74.6}{\ln\left(\frac{15.0}{74.6}\right)} = 37.2 \, \text{K}$$

式(15.8)より，$A_{air} = \pi d_{air} L$ なので，L について整理すると

$$q = U_{air} A_{air} \Delta t_{lm} = U_{air} \cdot \pi d_{air} L \cdot \Delta t_{lm}$$
$$\therefore L = \frac{q}{\pi U_{air} d_{air} \Delta t_{lm}}$$

となり，それぞれの値を代入すると所要管長が次のように求まる．

$$L = \frac{q}{\pi U_{air} d_{air} \Delta t_{lm}} = \frac{6030}{\pi \times 246 \times 3.3 \times 10^{-2} \times 37.2} = 6.36 \, \text{m}$$

章末問題

1. 例題15.1の空気と水の流れを向流から並流に変更した場合の所要管長を求めよ．向流から並流に変えることで所要管長が何％増加するかを答えること．ただし，境膜伝熱係数は例題15.1と変わらないものとする．
2. 例題15.1の熱交換器の内管外表面にスケールがつき，その汚れ係数が 3000 W·m^{-2}·K^{-1} であるとき，清浄な場合と比べて所要管長を何 m 長くする必要があるか求めよ．

3) 90℃のある溶液(1000 kg·h^{-1})を二重管式熱交換器により30℃まで冷却する．この熱交換器の伝熱面積が5.0 m^2 で冷却には20℃の水が向流に流されている．総括伝熱係数が500 W·m^{-2}·K^{-1} であるとき，必要な冷却水の量(kg·h^{-1})を求めよ．ある溶液と水の比熱容量はそれぞれ3650 J·kg^{-1}·K^{-1}, 4190 J·kg^{-1}·K^{-1} とする．

4) 内管内径50 mm，管長10 mの二重管式熱交換器を用いて20℃の流体2000 kg·h^{-1} を120℃の水蒸気により50℃まで加熱している．このとき，管内面基準の境膜伝熱係数を求めよ．溶液の比熱容量は3300 J·kg^{-1}·K^{-1} であり，蒸気側温度は120℃で一定とする．また，管壁および蒸気側の伝熱抵抗は無視できるものとする．

5) 外管；内径60 mm，内管；内径30 mm，厚さ2.5 mmの鋼管からなる二重管式熱交換器を用いて，10℃の溶液を加熱したい．円管内にある溶液を3600 kg·h^{-1} で流し，環状路に90℃の温水4200 kg·h^{-1} を向流に流したとき，出口温度が50℃だった．この溶液の出口温度と所要管長を求めよ．ただし，この溶液の平均粘度は1.5 mPa·s，比熱容量は3500 J·kg^{-1}·K^{-1}, 熱伝導度は0.580 W·m^{-1}·K^{-1}, 温水の平均粘度は0.41 mPa·s，比熱容量は4190 J·kg^{-1}·K^{-1}, 熱伝導度は0.662 W·m^{-1}·K^{-1} とする．また，鋼管の熱伝導度は46.5 W·m^{-1}·K^{-1}, 内管外面の汚れ係数は3000 W·m^{-2}·K^{-1} とする．

付録 非定常状態での物質収支

【この章の概要】

ここまで，定常状態での物質収支について学んできた．ここでは，非定常状態での物質収支について考える．基本になる考え方は式(A.1)の通りである．

(流入するAの量)−(流出するAの量)
　＋(反応によって生成するAの量) ＝ (蓄積するAの量)　　　(A.1)

反応を伴わない場合は式(A.2)になる．

(流入するAの量)−(流出するAの量) ＝ (蓄積するAの量)　　　(A.2)

A.1　反応を伴わない場合の非定常状態での物質収支

ここで図A.1に示すように，容器内に水が入っており，この容器に水が一定流量で流出入している場合について考える．流出入する流量をそれぞれ，$Q_{in}\,[\mathrm{m^3 \cdot s^{-1}}]$，$Q_{out}\,[\mathrm{m^3 \cdot s^{-1}}]$とすると，$Q_{in} \neq Q_{out}$のとき，容器内の水の量は時間の経過とともに変化することがわかる．この場合のある時刻における容器内の水の量を表す式を求めることを考える．

まず，時刻tから$t + \Delta t$までのΔt秒間の物質収支について考える．時刻t，$t + \Delta t$における容器内の水の量をそれぞれ$V(t)$，$V(t + \Delta t)$とする．するとΔt秒間に流入する水の量，流出する水の量および容器内の水の蓄積量は，それぞれ$Q_{in}\cdot\Delta t$，$Q_{out}\cdot\Delta t$，$V(t + \Delta t) - V(t)$となる．式(A.2)より次式が成り立つ．

$$V(t + \Delta t) - V(t) = Q_{in}\cdot\Delta t - Q_{out}\cdot\Delta t \quad (A.3)$$

両辺をΔtで割って

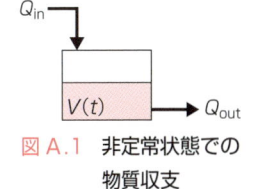

図A.1　非定常状態での物質収支

付録 非定常状態での物質収支

$$\frac{V(t+\Delta t) - V(t)}{\Delta t} = Q_{\text{in}} - Q_{\text{out}} \tag{A.4}$$

式(A.4)の左辺は時刻 t から $t+\Delta t$ の Δt 秒間の容器内の水の平均蓄積速度を表している．この Δt を 0 に近づけると，時刻 t における容器内の水の蓄積速度となり，それはすなわち時刻 t における容器内の水の量の微分値である．

$$\lim_{\Delta t \to 0} \frac{V(t+\Delta t) - V(t)}{\Delta t} = \frac{dV(t)}{dt} = Q_{\text{in}} - Q_{\text{out}} \tag{A.5}$$

式(A.5)を変形して

$$dV(t) = (Q_{\text{in}} - Q_{\text{out}})dt \tag{A.6}$$

式(A.6)の両辺を積分すると，Q_{in}，Q_{out} は時間によらず一定値なので

$$\int_{V_0}^{V(t)} dV(t) = \int_0^t (Q_{\text{in}} - Q_{\text{out}})dt$$
$$V(t) - V_0 = (Q_{\text{in}} - Q_{\text{out}})t \tag{A.7}$$

（V_0：容器内に最初にあった水の量）

となる．

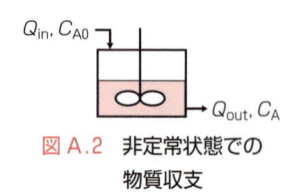

図 A.2 非定常状態での物質収支

例題 A.1 図 A.2 に示すように，容器内に水が $V\,[\text{m}^3]$ 入っており，この容器に A の濃度が $C_{\text{A0}}\,[\text{mol}\cdot\text{m}^{-3}]$ の水溶液を一定の体積流量 $v_0\,[\text{m}^3\cdot\text{s}^{-1}]$ で供給した．それと同時に一定の体積流量 $v_0\,[\text{m}^3\cdot\text{s}^{-1}]$ で容器内の溶液を流出させた．なお，容器内は十分に撹拌されており容器内の濃度は一様で，その濃度を $C_{\text{A}}(t)\,[\text{mol}\cdot\text{m}^{-3}]$ とする．また，流出する溶液の濃度は容器内の濃度に等しいとする．このとき，容器内に水溶液を供給しはじめてから t 秒後の容器内の濃度 $C_{\text{A}}(t)$ を t を用いた式で表せ．ただしはじめには，容器内の水には A は含まれていないものとする．

【解答】 流入する溶液の流量と流出する溶液の流量が等しいことから，容器内の溶液の体積は一定で $V\,[\text{m}^3]$ である（容器内の溶液の体積は定常状態）．

時刻 t から $t+\Delta t$ までの Δt 秒間における容器内の A の物質量の収支をとる．それぞれの時刻における容器内の A の物質量を $n_{\text{A}}(t)$，$n_{\text{A}}(t+\Delta t)$ とすると，次の収支式が成立する．

$$n_{\text{A}}(t+\Delta t) - n_{\text{A}}(t) = v_0 C_{\text{A0}} \Delta t - v_0 C_{\text{A}}(t) \Delta t \tag{A.8}$$

両辺を Δt で割って

$$\frac{n_A(t+\Delta t)-n_A(t)}{\Delta t} = v_0\{C_{A0}-C_A(t)\} \tag{A.9}$$

Δt を極限まで 0 に近づけると

$$\lim_{\Delta t \to 0}\frac{n_A(t+\Delta t)-n_A(t)}{\Delta t} = \frac{dn_A}{dt} = v_0\{C_{A0}-C_A(t)\} \tag{A.10}$$

ここで，$n_A(t) = C_A(t) \cdot V$ で，容器内の水溶液の体積 V は一定なので

$$\frac{dn_A(t)}{dt} = V\frac{dC_A(t)}{dt} = v_0\{C_{A0}-C_A(t)\} \tag{A.11}$$

$$\therefore \frac{dC_A(t)}{C_{A0}-C_A(t)} = \frac{v_0}{V}dt \tag{A.12}$$

両辺を $0 \sim C_A(t)$，$0 \sim t$ の範囲で積分して

$$\ln\frac{C_{A0}}{C_{A0}-C_A(t)} = \frac{v_0}{V}t \tag{A.13}$$

$$\therefore C_A(t) = C_{A0}(1-e^{-\frac{v_0}{V}t}) \tag{A.14}$$

式(A.14)より，$t=\infty$ のとき $C_A(t) = C_{A0}$ となる．

A.2 反応を伴う場合の非定常状態での物質収支

反応を伴う場合の非定常状態での物質収支について考える．例として，連続槽型反応器(CSTR)を用いた A $\longrightarrow$ C($-r_A = kC_A$)で表される液相一次反応を取りあげる．原料供給開始から定常状態になるまでの反応器内の A の濃度(＝反応器出口における A の濃度)の経時変化について考察する．なお原料供給前には，反応器内は溶媒のみが入っている(A の濃度は 0)とする．

図 A.3 に示すように，反応器入口から一定濃度 $C_{A0}[\text{mol}\cdot\text{m}^{-3}]$，一定体積流量 $v_0[\text{m}^3\cdot\text{s}^{-1}]$ で原料溶液を供給する．時刻 t における反応器内および反応器出

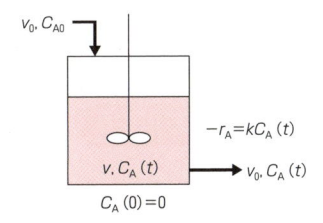

図 A.3 連続槽型反応器における非定常状態での物質収支

口の A の濃度を $C_A(t)\,[\text{mol}\cdot\text{m}^{-3}]$ とする．そして，反応器から出てくる溶液の体積流量は入口の体積流量と同じ $v_0\,[\text{m}^3\cdot\text{s}^{-1}]$ とする．したがって，反応器内の反応溶液の体積は $V[\text{m}^3]$ で定常状態となる．

時刻 t から $t+\Delta t$ までの Δt 秒間の物質収支について考える．式(A.1)より

$$V\cdot C_A(t+\Delta t) - V\cdot C_A(t) = v_0 C_{A0}\Delta t - v_0 C_A(t)\Delta t + V\cdot r_A\cdot\Delta t \qquad (A.15)$$

両辺を Δt，v_0 で割って

$$\tau\frac{C_A(t+\Delta t)-C_A(t)}{\Delta t} = C_{A0} - C_A(t) + \tau\cdot r_A \qquad (A.16)$$

なお，式(A.16)中の τ は $\tau = V/v_0$（空間時間）である．

A の反応速度 $r_A = -kC_A(t)$ を代入し，Δt を極限まで 0 に近づけると，式(A.16)は次のように書ける．

$$\lim_{\Delta t\to 0}\tau\frac{C_A(t+\Delta t)-C_A(t)}{\Delta t} = \tau\frac{dC_A(t)}{dt} = C_{A0} - (1+k\tau)C_A(t) \qquad (A.17)$$

式(A.17)を変形して

$$\frac{dC_A(t)}{C_{A0}-(1+k\tau)C_A(t)} = \frac{dt}{\tau} \qquad (A.18)$$

式(A.18)の両辺を積分する（$t=0$ のとき，$C_{A0}(0)=0$）．

$$\int_0^{C_A(t)}\frac{dC_A(t)}{C_{A0}-(1+k\tau)C_A(t)} = \int_0^t\frac{dt}{\tau} \qquad (A.19)$$

$$\ln\frac{C_{A0}-(1+k\tau)C_A(t)}{C_{A0}} = -\frac{(1+k\tau)}{\tau}t$$

$$C_A(t) = \frac{1-\exp\left(-\dfrac{1+k\tau}{\tau}t\right)}{1+k\tau}C_{A0} \qquad (A.20)$$

式(A.20)より，$t=\infty$ のとき $C_A(\infty) = C_{A0}/(1+k\tau)$ となり，これが定常状態のときの反応器内および反応器出口における A の濃度となる．

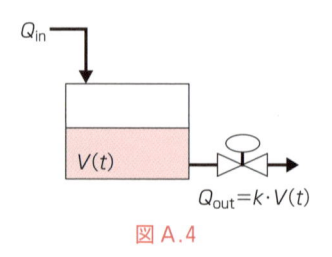

図 A.4

章末問題

1 図 A.4 に示すように容器内に一定の体積流量 Q_{in} で水を供給している．同時にバルブを制御して容器内の水の体積 $V(t)$ に比例した体積流量（$Q_{\text{out}} = kV(t)$，k は比例定数）で容器から水を流出するようにしている．このとき，

時刻 t と容器内の水の体積 $V(t)$ との関係を表す式を導け．なお，はじめは容器内に水はないものとする．

2) 濃度 C_0 [mol·m^{-3}] の食塩水（体積 V_0 [m^3]）が容器に入っている．この容器に一定流量 v [m^3·s^{-1}] で水を供給し，同じ流量で容器から食塩水を抜く（図A.5）．食塩水の濃度がはじめの濃度の半分（$0.5C_0$ [mol·m^{-3}]）になるまでに要する時間 $t_{1/2}$ [s] を求めよ．

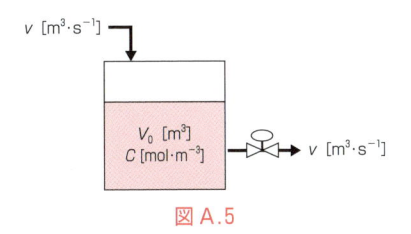

図 A.5

3) A.2節の反応（非定常状態の場合）において，反応開始時に反応器内にAが C_{A0} [mol·m^{-3}] の濃度で V [m^3] 入っている場合（図 A.6），時刻 t におけるAの濃度 $C_A(t)$ を表す式を導出せよ．

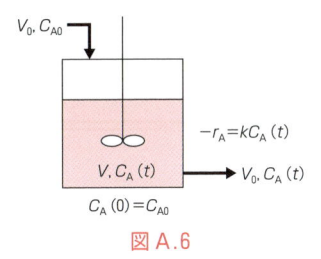

図 A.6

化学工学ミニ用語集

▶ **圧力(pressure)**
単位面積あたりに働く力のこと．すなわち，（力）÷（面積）で表され，単位はパスカル Pa($= N \cdot m^{-2}$)である．

▶ **アレニウスの式(Arrhenius equation)**
反応速度定数 k の温度依存性を頻度因子と活性化エネルギーの二つのパラメータを用いて表した式．1889 年にスウェーデン人のアレニウス(Arrhenius)によって提唱された．反応速度定数の対数を y 軸，温度の逆数を x 軸にとりプロットしたものをアレニウスプロットという． ⇨反応速度式

▶ **液液抽出(liquid-liquid extraction)**
液体原料を液体溶剤で処理すると，原料に溶解している溶剤に溶けやすい成分は溶剤のほうへ移動するが，原料中の溶剤に溶けにくい成分は溶剤のほうへ移動しない．このようにして原料中の成分を分離する操作．

▶ **SI 基本単位(SI base unit)**
長さ m，質量 kg，時間 s，電流 A，温度 K，光度 cd，物質量 mol の七つがある．他の物理量はこれらの基本単位を組み合わせて表される．
⇨国際単位系，組立単位

▶ **x-y 線図(x-y curve, x-y diagram)**
二成分系の一定圧力の下での気液平衡関係を，低沸点成分の液相モル分率を x 軸に，気相モル分率を y 軸にとって表した図．気液平衡の曲線は一般には対角線より上方にくるが，共沸点をもつ場合は対角線と交わる．

▶ **エネルギー収支(energy balance)**
エネルギーの定量的な取り扱い．化学装置への熱の出入りを把握するために用いる． ⇨物質収支

▶ **押し出し流れ(plug fow, piston flow)**
混合状態において，流体の半径方向に温度，濃度，流速に分布がなく，流れ方向に流体の混合がまったくないという仮想的な流れ．ところてんを押し出すような流れ方．ピストンフローともいう．

▶ **オリフィス計(orifice meter)**
流量計の一種．オリフィス板を用いて流量を測定する． ⇨ベンチュリ管，ピトー管

▶ **温度(temperature)**
日本では摂氏(セルシウス)温度(℃)が天気予報や体温測定などに一般的に用いられているが，アメリカでは華氏(ファーレンハイト)温度(℉)が一般的に用いられている．これらはいずれも国際単位系ではなく，国際単位系では絶対温度(ケルビン，K)が指定されている．

▶ **回分操作(batch operation)**
装置に物質を入れて操作を開始し，操作中に装置への物質流入出はなく，所定の時間の経過後に生成物を取り出す操作． ⇨連続操作

▶ **化学工学(chemical engineering)**
装置の設計，操作に関する学問．単一装置内の現象の解析，装置の設計に関する研究・教育が行われる分野である．

▶ 化学装置(chemical equipment, chemical plant)
物質やエネルギーの変化により原料からより価値の高い製品を生産するための設備．化学装置は，蒸留，蒸発，ガス吸収などの単位操作を行うためのものと，化学反応を起こさせるための反応装置とに分けられる．　　　　　　　　　　　　　⇨反応装置

▶ 化学量論式(stoichiometric equation)
化学反応の成分間の量的関係を表す化学反応式のこと．たんに量論式とも呼ぶ．

▶ ガス吸収操作(gas absorption operation)
気体が液体へ溶けるときの溶解度の差を利用して，混合気体と液体を接触させてガスを溶液により回収する操作．

▶ 活性化エネルギー(activation energy)
反応原料が反応するために必要なエネルギー．

▶ 管型反応器(tubular reactor, piston flow reactor)
管状の反応器で反応流体を押し出すように流す反応器．流れ方向に流体は混合されない．

▶ 完全混合流れ(perfectly mixed flow)
混合状態において，温度，濃度が装置内のどの点でも同じとなる流れ方．

▶ 還流比(reflux ratio)
連続蒸留操作において，塔頂より出てきた蒸気をすべて凝縮した液は，一部を留出液として装置より取り出し，残りは還流液として塔頂に戻す．このときの還流液の流量を留出液の流量で割った値．

▶ 気液平衡(gas-liquid equilibrium)
気相と液相が熱力学的平衡を保ちながら系内に共存する状態．

▶ 機械的エネルギー損失(mechanical energy loss)
摩擦エネルギー損失以外に，管の曲り，急激な拡大・縮小，管路に接続された継手や弁によって生じるエネルギー損失．

▶ 吸着剤(adsorbent)
吸着操作で用いられる吸着質を吸着する材料．一般的に多孔質物質が吸着剤として用いられる．身近な例として，活性炭などがある．

▶ 吸着操作(adsorption operation)
気相－固相，液相－固相などの界面において溶質濃度が周囲よりも増加する現象を吸着といい，この吸着現象を利用し物質を回収，分離する操作．

▶ 強制対流(forced convection)
自然対流と異なり，撹拌機で撹拌したり，ポンプやブロワにより流体を強制的に流したりすることで起こる対流のこと．　　　　　　　　　　⇨自然対流

▶ 境膜(boundary film)
管壁に接した流体の流体速度がほとんど0である微小領域．

▶ 境膜伝熱係数(film coefficient of heat transfer)
熱伝導度と同様に熱の伝わりやすさを示す係数であるが，流体の状態によりその値は変化する．単位は $W \cdot m^{-2} \cdot K^{-1}$．　　　　　　　　　⇨総括伝熱係数

▶ 均一反応(homogeneous reaction)
反応に関与する物質が均質な単一の相である反応．

▶ 空間時間(space time)
流通反応器(連続槽型反応器，管型反応器)において反応器体積を反応器入口の体積流量で割った値．時間の単位をもち，反応器体積に相当する原料を処理するための時間に相当する．回分反応器の反応時間に対応している．

▶ 組立単位(derived unit)
基本単位の組み合わせで構成される単位．組立単位の中には，歴史上の科学者の名前にちなんだ単位が17種類ある．N(ニュートン)，Pa(パスカル)などが一例である．　　　　　⇨国際単位系，SI基本単位

▶ ゲージ圧(gauge pressure)
大気圧との差で表した圧力．通常は，圧力計に表示される圧力のこと．

▶ 顕熱(sensible heat)
物質の温度上昇のために使われる熱．　　　⇨潜熱

▶ 国際単位系(SI)(International System of Units)
かつては国や専門分野によって異なる単位系を使用していたため，単位相互間で換算が煩雑だった．そこで，国際単位系(SI)が1960年に制定された．長さはメートル，質量はキログラム，時間は秒，温度はケルビン，物質量はモルを用いる．
　　　　　　　　　　　　⇨SI基本単位，組立単位

▶ **三角線図**(*triangular diagram*)
三成分の組成を直角二等辺三角形上に示した図．三成分あるが二成分の組成が決まれば，残りの一成分の組成は一つに決まる．つまり，三成分のうち二成分が独立変数として図上に表される． ➡対応線

▶ **軸動力**(*shaft power*)
流体を一定の流量で管路輸送するときに必要な動力で，ポンプやブロワーの効率を考慮した，実際に必要な動力のこと．

▶ **JIS**(*Japanese Industrial Standards*)
日本工業規格(Japanese Industrial Standards)．主務大臣が制定する工業標準である．管径なども JIS 規格により規格化されている．

▶ **自然対流**(*natural convection*)
密度差により自然と起こる対流のこと．流体内の温度差により生じる． ➡強制対流

▶ **質量百分率**(*mass percentage*)
質量分率に 100 をかけたもの．wt% で表記する．固体または液体混合物組成をことわりなしに％と表記しているときには，wt% を表す場合もある．

▶ **質量分率**(*mass fraction*)
混合物の全質量に対する，指定成分の質量の割合．

▶ **質量流量**(*mass flow rate*)
単位時間あたりに流れる流体の質量．

▶ **充填塔**(*packed tower, packed column*)
吸収装置として用いられる塔内に充填物を詰めた装置．液を塔頂から供給し，ガスを塔底から供給する向流操作のものが多い． ➡スプレー塔

▶ **収率**(*yield*)
反応装置に供給された反応限定成分のうち，目的生成物を生成するのに消費された反応限定成分の割合のこと． ➡選択率

▶ **蒸発缶**(*evaporator*)
蒸発操作で用いられる蒸発装置．一般的には，飽和水蒸気を熱源として，その凝縮潜熱を多数の直管を配した熱交換面を通して溶液に伝える形式である．

▶ **蒸発操作**(*evaporating operation*)
不揮発性の溶質が溶解している水溶液において，水を気化により蒸発させ，水溶液中の不揮発性溶質濃度を濃縮する操作．

▶ **蒸留操作**(*distillation operation*)
液体や蒸気の混合物を蒸気圧の差を利用して分離する操作．

▶ **スプレー塔**(*spray tower*)
噴霧器で液体を微細な液滴としてガスと接触させ吸収させる装置． ➡充填塔

▶ **設計方程式**(*design equation*)
反応器内の温度や濃度が均一とみなせる領域における物質収支式から導かれる式．この式は単一反応，複合反応にかかわらず成立する．

▶ **絶対圧**(*absolute pressure*)
大気圧とゲージ圧を足した圧力．絶対真空を基準としたときの圧力．

▶ **接頭語**(*prefix*)
単位の前に接頭語をおくことにより，値の桁数を小さく(大きく)表記できる．m(ミリ)：10^{-3}，μ(マイクロ)：10^{-6}，k(キロ)：10^3，M(メガ)：10^6 など．

▶ **遷移域**(*transition region*)
流れが層流から乱流へ変わる領域(逆も同じ)で，層流と乱流が混在するような状態を示す領域．

▶ **選択率**(*selectivity*)
反応により消費された反応限定成分のうち，目的生成物を生成するのに消費された反応限定成分の割合のこと． ➡収率

▶ **せん断応力**(*shear stress*)
流体の流れ方向に沿ったずれに応じて生じる応力．

▶ **潜熱**(*latent heat*)
蒸発，昇華などの相変化に伴う熱であり，それぞれの物質が固有の値をもつ．また，その値は温度によって変化する． ➡顕熱

▶ **槽型反応器**(*tank reactor*)
反応容器に撹拌翼が設置された反応器．濃度，温度は反応器内のどの点でも同じとみなされる．

▶ **総括伝熱係数**(*overall coefficient of heat transfer*)
ある面を基準とした熱の伝わりやすさを示す係数で，熱伝導度，境膜伝熱係数などを含めた伝熱係数．単位は境膜伝熱係数と同じで $W \cdot m^{-2} \cdot K^{-1}$．
➡境膜伝熱係数

▶ **操作線**(*operating line*)
ガス吸収や蒸留における気相，液相の物質収支から導き出される液相組成と気相組成との関係を表す式．

▶ **相当直径**(*equivalent diameter*)
管路が円形でない流路を用いる場合，その流路が円形であると仮定した場合の直径．

▶ **層流**(*laminar flow*)
流体の流れが，流れ方向に向かって平行に動く流れ．　⇨乱流

▶ **粗面管**(*rough face tube*)
鋼管，鋳鉄管，亜鉛引鉄管など表面が粗い管．　⇨平滑面管

▶ **対応線（タイライン）**(*tie line*)
二つの相が平衡状態にある場合，それぞれの組成を表す点を結んだ直線．　⇨三角線図

▶ **対数平均**(*logarithmic mean*)
$(x-y)/\ln(x/y)$ で表される平均値．

▶ **体積百分率**(*volume percentage*)
体積分率に100をかけたもの．vol%で表記する．

▶ **体積分率**(*volume fraction*)
混合物の全体積に対する，指定された成分の体積の割合のこと．

▶ **体積流量**(*volumetric flow rate*)
単位時間あたりに流れる流体の体積．

▶ **対流伝熱**(*heat convecvtion*)
流体の運動によって熱が伝わる現象．流体内に温度差があれば流体密度に差が生じ，流体の対流が自然に起こる．　⇨伝導伝熱，放射伝熱

▶ **単位操作**(*unit operation*)
化学プロセスにおける基本的(最小)操作．蒸留，蒸発，ガス吸収などがある．これらの単位操作がさまざまに組み合わされ，化学プロセスが設計される．

▶ **単一反応**(*single reaction*)
量論式が一つだけで表される反応．　⇨複合反応

▶ **抽出操作**(*extraction operation*)
原料に含まれる成分を溶剤で処理して，溶剤に可溶な成分を溶解させて取り出す操作．お茶，コーヒーを飲む際にはお湯により茶葉，コーヒー豆から有用成分を抽出して飲んでいることになる．

▶ **継手**(*joint*)
エルボ，ベンド，ユニオンなど，管と管を接続するために用いられるもの．

▶ **定常状態**(*steady state*)
状態を決定する物理量(温度，圧力など)が時間とともに変化しない状態．　⇨非定常状態

▶ **定容系**(*constant volume system*)
反応の進行に伴い反応混合物の体積が変化しない系．　⇨非定容系

▶ **伝導伝熱**(*heat conduction*)
固体内を熱が伝わる伝熱．高温側の原子の熱振動が隣接する低温側原子に順次伝わっていく現象．　⇨対流伝熱，放射伝熱

▶ **伝熱速度**(*rate of heat transfer*)
熱が伝わる速度．場合に応じて熱損失速度などと呼ぶことがある．

▶ **トレーサー**(*tracer*)
物質の挙動を知るために添加される物質．管内流体の流量を知りたい場合，流れに影響を及ぼさない物質を流れに混合して適量だけ流し，下流部における濃度を測定することにより流量計算が可能となる．

▶ **Newton流体**(*Newtonian fluid*)
流体の粘度が温度によって変化するが，速度勾配には無関係である流体．　⇨非Newton流体

▶ **濡れ辺長**(*wetted perimeter*)
流路断面内で流体が流路壁と接している部分の長さ．

▶ **熱交換器**(*heat exchanger*)
固体壁を隔てて流れる高温流体から低温流体に熱を移動するために用いられる装置．使用用途に応じて加熱器，冷却器，蒸発器，凝縮器などに分類される．

▶ **熱伝導度**(*thermal conductivity*)
熱の伝わりやすさを示す物質特有の物性値で，一般的に固体が大きく液体，気体の順に小さくなる．単位は $W \cdot m^{-1} \cdot K^{-1}$．

▶ **熱容量**(*heat capacity, thermal capacity*)
一定量の物質の温度を1K上げるのに必要な熱量．単位質量あたりの場合を比熱容量，単位物質量あたりの場合をモル熱容量という．一定圧力下での熱容量が定圧比熱容量，定圧モル熱容量で，一定容積下での熱容量が定容比熱容量，定容モル熱容量．

▶ 熱流束（*heat flux*）
単位面積あたりの伝熱速度．

▶ 粘性（*viscosity*）
流体の粘りのこと．

▶ 粘度（*viscosity*）
粘性の度合を表す値．粘性係数ともいう．

▶ ハーゲン・ポアズイユの式（*Hagen-Poiseuille equation*）
円管内層流における流体の内部摩擦に基づく圧力損失を表す式．

▶ 反応装置（*reactor, chemical reactor*）
化学反応を起こさせる反応操作のための装置．
⇨化学装置

▶ 反応速度（*reaction rate*）
化学反応において，各反応物の消費，または各生成物の生成の時間変化率を示すもの．

▶ 反応速度式（*reaction rate equation*）
反応速度を関数として表す式．　⇨アレニウスの式

▶ 反応率（*rate of reaction*）
回分反応器の場合は，反応器に供給された限定成分の物質量のうち，反応によって消費された物質量の割合．流通反応器の場合は，限定成分の反応器入口，出口における物質量流量の差を反応器入口における物質流量で割った値．

▶ 比重（*relative density*）
ある物質の密度と標準となる物質の密度との比で表される無次元数．通常は 4 ℃における水の密度（1000 kg·m^{-3}）を基準とする．比重 0.85 の物質がある場合，この物質の密度は 850 kg·m^{-3} ということになる．
⇨密度

▶ 非定常状態（*unsteady state*）
状態を決定する物理量が時間とともに変化している状態．
⇨定常状態

▶ 非定容系（*non-constant volume system*）
反応の進行に伴い反応混合物の体積が変化する系．
⇨定容系

▶ ピトー管（*pitot tube*）
フランスの研究者アンリ・ピトーが発表した，流束を測定する装置．
⇨オリフィス計，ベンチュリ管

▶ 非 Newton 流体（*non-Newtonian fluid*）
ニュートン流体とは逆に，温度勾配によって粘度が変化する流体．
⇨Newton 流体

▶ 非粘性流体（*inviscid fluid*）
理想流体のこと．粘性が存在しないのでせん断応力が常に存在しない．

▶ 標準生成熱（*standard heat of formation*）
元素ごとにそれぞれ定められた基準状態（固体，液体，気体）から，1 mol の化合物を生成するときに必要な熱のこと．

▶ 標準反応熱（*standard heat of reaction*）
標準状態（1 atm，298 K）での反応熱．

▶ 頻度因子（*frequency factor*）
反応物分子の濃度と衝突する頻度を関連づける比例定数．

▶ ファニングの式（*Fanning equation*）
管内を流れる流体の摩擦エネルギー損失を表す式．
⇨摩擦エネルギー損失

▶ 複合反応（*multiple reaction*）
単一反応が複数集まって表される反応．並列反応，逐次反応などがある．
⇨単一反応

▶ 物質収支（*material balance*）
物質の組成・流れなどの定量的な取り扱い．化学装置に出入りする物質を把握するために用いる．
⇨エネルギー収支

▶ 物理量（*physical quantity*）
数値のみでは意味がないが，単位がつくことにより，その数値は「重さ」や，「時間」，「長さ」，「物質量」などの物理量となる．

▶ 平滑面管（*smooth face tube*）
ガラス管，銅管，黄銅管，鉛管など，表面が滑らかな管．
⇨粗面管

▶ 平均流速（*average velocity*）
通常，管内を流れる流体の流速は一様ではないが，管内の任意の点において一様であるとみなしたときの流速．

▶ ベンチュリ管（*Venturi tube*）
流量計の一種．オリフィス計のオリフィスの代わりに管の一部を滑らかに細く絞ったものを用いて流量を測定する．
⇨オリフィス計，ピトー管

▶**放射伝熱**(*heat radiation*)
高温の物体の表面から発せられる熱線が空気などの媒体を通さずに直接低温物体の表面に伝わる現象.
　　　　　　　　　　　⇨伝導伝熱，対流伝熱

▶**摩擦エネルギー損失**(*friction energy loss*)
管内を流体が流れるとき，管壁と流体，また流体内部で生じる摩擦により失われる損失.
　　　　　　　　　　　　　　　⇨ファニングの式

▶**摩擦係数**(*friction factor, friction coefficient*)
レイノルズ数と管壁面の粗さの関係を表す係数．無次元数で表される.

▶**マノメータ**(*manometer*)
液柱の高さの差を用いて圧力を測定するための器具.

▶**密度**(*density*)
物質の単位体積あたりの質量．単位は $kg \cdot m^{-3}$.
　　　　　　　　　　　　　　　　　　⇨比重

▶**無次元数**(*dimensionless number*)
次元のない数量のこと．現象を一般化することによってその特徴を示すために，工学分野でよく用いられる.

▶**モル百分率**(*mole percentage*)
モル分率に100をかけたもの．mol%で表記する.

▶**モル分率**(*mole fraction*)
混合物中の全物質量(全モル数)と指定された成分の物質量(モル数)との割合.

▶**汚れ係数**(*scale coefficient*)
伝熱面の汚れにより，汚れがない場合と比べて伝熱効率が下がることを考慮するために用いられる係数で，通常は経験的に求められた値が用いられる.

▶**乱流**(*turbulent flow*)
流体が主流以外の方向にも分速度をもち，その大きさを絶えず変化させながら流れる乱れた流れ.
　　　　　　　　　　　　　　　　　　　　⇨層流

▶**理論動力**(*theoretical power*)
流体を一定の流量で管路輸送するときに必要な動力.

▶**レイノルズ数**(*Reynolds number*)
流れが層流か乱流であるか判断するための無次元数.

▶**連続槽型反応器**(*continuous stirred tank reactor*)
槽型反応器を連続操作により行う反応器．CSTR (Continuous Stirred Tank Reactor)と呼ぶ.

▶**連続操作**(*continuous operation*)
操作中に装置へ連続的に物質が流入し，連続的に物質が流出する操作.
　　　　　　　　　　　　　　　　　　⇨回分操作

◆ 章末問題略解 ◆

第2章

1 (1) 1.389×10^{-4} m$^3 \cdot$s^{-1} (2) 6895 Pa
(3) 0.5778 Btu$\cdot$ft$^{-1}\cdot$h$^{-1}\cdot$F^{-1} (4) 1.000 lb$\cdot$ft$^{-1}\cdot$s^{-1}

第3章

1 混酸①：50 kg，濃 HNO$_3$：20 kg，濃 H$_2$SO$_4$：30 kg
2 54.0 wt%，2.5 kg$\cdot$min^{-1}
3 28.6 kg

第4章

1 70.0 kg$\cdot$h^{-1}
2 (1) 2080 mol$\cdot$h^{-1} (2) 2.45 wt% (3) 98.3%
3 $n = 0.415$
4 抽出液：129.4 kg，抽残液：70.3 kg，溶剤：99.7 kg，回収率：65.0%
5 (1) $F_1 = 13.3$ mol$\cdot$h^{-1}，$F_2 = 1.00$ mol$\cdot$h^{-1}，$F_3 = 691$ mol$\cdot$h^{-1}，$F_4 = 22.2$ mol$\cdot$h^{-1}，$F_5 = 272$ mol$\cdot$h^{-1}，$F_6 = 20.4$ mol$\cdot$h^{-1}，$F_7 = 1.00$ mol$\cdot$h^{-1}，$F_8 = 0.778$ mol$\cdot$h^{-1}，$F_9 = 14.3$ mol$\cdot$h^{-1}，$F_{10} = 986$ mol$\cdot$h^{-1}
(2) 水：0.277，メタノール：0.722，微量成分 A：0.001
6 (1) 0.600 (2) 56.7 mol (3) 0.944

第5章

1 ① 60.0 kg$\cdot$h^{-1}，23.3% ② 90.0 kg$\cdot$h^{-1}，25.6% ③ 60.0 kg$\cdot$h^{-1}，8.33%
2 (1) 0.487 (2) 895 mol$\cdot$h^{-1} (3) 0.096
3 (1) 0.480 (2) 7.2 mol$\cdot$h^{-1} (3) 0.794 (4) 22.6 mol$\cdot$h^{-1}

第6章

1 54960 J = 54.96 kJ
2 (1) 45.85 kJ$\cdot$mol^{-1} (2) 43.59 kJ$\cdot$mol^{-1}
3 18.5 kg$\cdot$h^{-1}
4 184.2 kJ$\cdot$mol^{-1}
5 642 ℃

第7章

1 $r_A = -18.0$ mol$\cdot$m$^{-3}\cdot$s^{-1}，$r_B = -12.0$ mol$\cdot$m$^{-3}\cdot$s^{-1}，$r_C = 6.00$ mol$\cdot$m$^{-3}\cdot$s^{-1}
2 $r_D = -0.50$ mol$\cdot$m$^{-3}\cdot$s^{-1}，$r_P = 1.5$ mol$\cdot$m$^{-3}\cdot$s^{-1}
3 147 kJ$\cdot$mol^{-1}
4 (1) A (2) 反応率：80.0%，A：2.00 mol$\cdot$m^{-3}，B：16.0 mol$\cdot$m^{-3}，C：16.0 mol$\cdot$m^{-3}，D：8.00 mol$\cdot$m^{-3}
5 (1) 16.0 mol$\cdot$m^{-3} (2) 160 mol$\cdot$h^{-1} (3) 0.750 (4) C_A：5.71 mol$\cdot$m^{-3}，C_B：17.1 mol$\cdot$m^{-3}，C_C：17.1 mol$\cdot$m^{-3} (5) F_A：40.0 mol$\cdot$h^{-1}，F_B：120 mol$\cdot$h^{-1}，F_C：120 mol$\cdot$h^{-1}

第8章

1 (1) 8.00 m^3 (2) 3.22 m^3
2 (1) C_A：11.4 mol$\cdot$m^{-3}，C_C：68.6 mol$\cdot$m^{-3} (2) 4.05×10^{-2} m^3 (3) 0.105 m^3
3 0.750

第9章

1 $k = 9.96 \times 10^{-3}$ min^{-1} = 1.66×10^{-4} s^{-1}
2 $k = 9.98 \times 10^{-5}$ m$^3\cdot$mol$^{-1}\cdot$s^{-1}
3 (1) 0.787 (2) 0.700
4 (1) 3.42 s (2) 115%

第10章

1 0.63 kg$\cdot$s^{-1}，0.40 m$\cdot$s^{-1}，2.83 m$^3\cdot$h^{-1}
2 5.0 m **3** 62.0 J$\cdot$kg^{-1}
4 乱流($Re = 6.0 \times 10^5$)
5 層流($Re = 800$)

第11章

1) 49.2 kJ·kg^{-1}, $\Delta P = 90.5 \text{ kPa}$
2) 346.5 J·kg^{-1}, 311.9 kPa, 6.12 kW
3) 6.0 kW, 10.1 kW
4) 43.6 J·kg^{-1}, 43.6 kPa, 2.17 kW

第12章

1) 245 Pa
2) 1.1 m·s^{-1}, $7.7 \text{ m}^3\text{·h}^{-1}$
3) 4.76 kPa
4) 乱流（$u = 57.0 \text{ m·s}^{-1}$, $Re = 9.35 \times 10^4$）

第13章

1) 0.85 m
2) 2.01 MJ·h^{-1}, $926\,℃$, $130\,℃$
3) 441 W, $78.1\,℃$
4) (1) 41.3 W (2) 25.0 mm

第14章

1) $58.5 \text{ W·m}^{-2}\text{·K}^{-1}$
2) $58.8 \text{ W·m}^{-2}\text{·K}^{-1}$, 0.51%
3) $5.28 \times 10^3 \text{ W·m}^{-2}\text{·K}^{-1}$

第15章

1) 6.41 m, 0.79%（この系では向流，並流の所要長さに大きな差はない）
2) 0.44 m
3) $2.41 \times 10^3 \text{ kg·h}^{-1}$
4) $416 \text{ W·m}^{-2}\text{·K}^{-1}$
5) 出口温度 $65.9\,℃$，所要管長 58.3 m

付録

1) $V = \dfrac{Q_{\text{in}}}{k}(1 - e^{-kt})$
2) $t_{1/2} = \dfrac{V_0}{v}\ln 2 = \dfrac{0.693\,V_0}{v}$ [s]
3) $C_{\text{A}}(t) = \dfrac{1 + k\tau \exp\left(-\dfrac{1+k\tau}{\tau}t\right)}{1 + k\tau} C_{\text{A}0}$

◆索 引◆

あ

圧縮性 103
　——流体 103
圧力 8
圧力計 132
　ダイヤフラム—— 132, 133
　弾性式—— 132, 133
　ブルドン管—— 132, 133
　ベローズ—— 133
アレニウスの式 70
位置エネルギー 57
位置ヘッド 110
移動現象 3
浮子 135
運動エネルギー 57
液-液抽出 31
液相吸着 28
SI 単位 6
x-y 線図 37
エネルギー
　——収支 2, 3
　——損失 111
　位置—— 57
　運動—— 57
　活性化—— 70
　機械的—— 108
　内部—— 57, 108
　熱—— 109
円管内層流 117
円管内乱流 118
エンタルピー 57
　——収支 108
押し出し流れ 68

オリフィス計 133
温度
　華氏—— 8
　境膜端—— 149
　ケルビン—— 8
　摂氏—— 8
　絶対—— 8
　熱力学—— 8
　ランキン—— 8

か

回転子 135
回分操作 11, 66, 67
回分反応器 67
化学吸着 28
化学プロセス 2
化学量論式 43
華氏温度 8
過剰反応成分 44
過剰百分率 44
ガス吸収 3, 24
　——装置 25
活性化エネルギー 70
加熱缶 41
管型反応器 67, 68
缶出液 39
環状路 159
完全混合流れ 67
管束 160
環流 41
　——液 41
　——比 41
機械的エネルギー 108

機械的仕事 57
希釈剤 31
気相吸着 28
揮発性 36
気泡塔 25
基本単位 6
球形弁 126
急激な拡大 125
急激な縮小 126
吸着 3, 28
　——剤 28
　——式 29
　——質 28
　液相—— 28
　化学—— 28
　気相—— 28
　物理—— 28
　平衡——量 29
　ヘンリーの——式 29
　ラングミュアー——式 29
凝縮器 41
凝縮水 20
境膜
　——厚さ 149
　——端温度 149
　——伝熱係数 150
　低温流体側—— 152
　有効—— 149
　流体—— 149
　流体側—— 152
共役線 33
均一反応 65
空間時間 84

180 ◆ 索 引

組立単位　6
クロス　126
系　14
係数
　境膜伝熱——　150
　収縮——　134
　総括伝熱——　152
　速度——　136
　粘性——　104
　摩擦——　122
　汚れ——　152
　流量——　134
　量論——　43
ゲージ圧　8, 132
ケルビン温度　8
限定反応成分　43
顕熱　58
向流　160
　——型　25
固体壁　152

さ

三角線図　32
算術平均　146
CSTR（continuous stirred tank reactor）　67
仕切弁　126
軸動力　127
次元解析　154
仕事率　127
指数法則　119
　——速度分布　119
質量分率　13
質量流量　14, 106
収縮係数　134
充填塔　25
充填物　25
収率　45
縮流部　133
晶析　3

蒸発　19
　——缶　20
　——熱　60
蒸留　3, 36
推進力　141
スケール　152
スプレー塔　25
静圧ヘッド　110
精留塔　41
接近率　134
設計　95
　——方程式　81
　反応器の——　95
摂氏温度　8
絶対圧力　8, 132
絶対温度　8
接頭語　7
遷移域　115
選択率　45
せん断応力　104
潜熱　58, 59
槽型反応器　67
総括伝熱係数　152
操作
　回分——　11, 66, 67
　単位——　2
　半回分——　11, 66, 67
　流通——　11, 67
　連続——　11, 66, 67
相乗平均値　38
相当直径　115, 156
相当長さ　126
相変化　59
層流　114
　円管内——　117
速度係数　136
速度勾配　104
速度ヘッド　110
粗面管　122

た

対応線　33
対応物質　21
対数平均　146
対数法則　119
体積分率　13
体積流量　106
ダイヤフラム圧力計　132, 133
タイライン　33
対流　140
対流伝熱　139
多管式熱交換型反応器　99
多管式熱交換器　159
多重効用蒸発法　21
多層円管壁　146
脱着　28
段　41
単位　5
単位操作　2
単一円管壁　144
単一反応　65
単蒸留　38
弾性式圧力計　132, 133
逐次反応　65
逐次・並列反応　65
抽残液　32
抽出　3, 31
　——液　32
　——の回収率　35
　液-液——　31
継手　126
定圧系回分反応器　75
定圧比熱容量　58
定圧モル熱容量　58
低温流体側境膜　152
定常状態　12, 104
ティーズ　126
低沸点成分　36, 37
定容系　74
　——回分反応器　75

定容比熱容量　58
定容モル熱容量　58
手がかり物質　21
転化率　45
伝導伝熱　139
伝熱係数
　　境膜——　150
　　総括——　152
伝熱速度　141
伝熱抵抗　141
伝熱的相当直径　156
伝熱のフーリエの法則　141
胴　160
動力　126
トリチェリの定理　111
ドルトンの分圧の法則　37
トレーサー　17

な

内部エネルギー　57, 108
内部摩擦　111, 117
流れ仕事　57
流れの相当直径　156
1/7 乗則　119
二重管式熱交換器　159
Newton の粘性法則　105
Newton 流体　105
ヌッセルト数　155
熱エネルギー　109
熱交換器
　　多管式熱——　159
　　二重管式熱——　159
熱収支　57, 108
熱収支式　58
熱伝導度　140, 141
熱容量　8
　　定圧比——　58
　　定圧モル——　58
　　定容比——　58
　　定容モル——　58

比——　58
平均定圧——　59
モル——　58
熱力学温度　8
熱力学第一法則　57
熱流束　141
熱量　8
粘性　103
　　——係数　104
粘度　103

は

ハーゲン・ポアズイユの式　118
半回分操作　11, 66, 67
半回分反応器　67
反応器
　　——の設計　95
　　回分——　67
　　管型——　67, 68
　　槽型——　67
　　多管式熱交換型——　99
　　定圧系回分——　75
　　定容系回分——　75
　　半回分——　67
　　連続槽型——　67
反応工学　3
反応装置　1
反応速度　68
　　——定数　70
反応熱　61
反応率　72
非圧縮性流体　103
BR (batch reactor)　67
PFR (piston flow reactor)　68
比揮発度　38
比重　7
非定常状態　12
非定容系　75
ピトー管　135
比熱容量　58

比容　7
標準生成熱　61
標準反応熱　61
比容積　108
頻度因子　70
ファニングの式　122
不均一反応　65
複合反応　45, 65
物質収支　2, 3, 11
物質量流量　14
物理吸着　28
物理量　5
ブラジウス式　122
フラッシュ蒸留　39
プラントル数　155
フーリエの法則　140
　　伝熱の——　141
ブルドン管圧力計　132, 133
プレート　41
フロインドリッヒ吸着式　29
プロセスシステム工学　3
分離器　39
分離工学　3
分離・精製　1
分率　13
　　過剰百——　44
　　質量——　13
　　体積——　13
　　モル——　13
平滑面管　122
平均定圧熱容量　59
平均流速　106, 108
平衡圧　24
平衡吸着量　29
平衡濃度　24
並流型　25, 162
並列反応　65
ベルヌーイの式　110
ベルヌーイの定理　108
ベローズ圧力計　133

弁　126
ベンチュリ管　135
ベンド　126
ヘンリー定数　25
ヘンリーの吸着式　29
放散　24
放射伝熱　140

ま

膜分離　3
摩擦圧力損失　121
摩擦エネルギー損失　121
摩擦係数　122
摩擦損失　111
マノメータ　131
見かけの組成　33
密度　7
モル熱容量　58
モル濃度　14
モル分率　13

や

有効境膜　149
誘導単位　6
U字型マノメータ　131
溶解度曲線　32
溶解熱　60
溶解平衡　24
溶剤　31
溶質　31
汚れ係数　152
よどみ圧　136
よどみ点　136

ら

ラウールの法則　37
ランキン温度　8
ラングミュアー吸着式　29
乱流　114
　円管内――　118
リサイクル　51
リービッヒ冷却器　159

留出液　41
流体側境膜　152
流体境膜　149
流体輸送機　127
流通操作　11, 67
流量　14
　――係数　134
　質量――　14, 106
　体積――　106
　物質量――　14
領域　14
量論係数　43
理論動力　127
レイノルズ O.　114
レイノルズ数　115
連続精留　41
連続槽型反応器　67
連続操作　11, 66, 67
連続単蒸留　39
連続の式　106, 107
ロータメーター　135

著者紹介

林　　順一（はやし　じゅんいち）
1964 年　兵庫県生まれ
1992 年　京都大学大学院工学研究科博士課程単位認定退学
現　在　関西大学環境都市工学部エネルギー・環境工学科教授
博士（工学）
おもな研究テーマは，多孔質材料の製造とその有効利用，およびバイオマスの有効利用に関する研究．

堀河　俊英（ほりかわ　としひで）
1975 年　大阪府生まれ
2004 年　関西大学大学院工学研究科博士後期課程修了
現　在　徳島大学大学院社会産業理工学研究部准教授
博士（工学）
おもな研究テーマは，機能性多孔質炭素材料の開発とその応用，および気相吸着機構に関する研究．

ビギナーズ化学工学

2013 年 3 月 25 日　第 1 版　第 1 刷　発行	著　者　林　　順一
2024 年 9 月 10 日　　　　　　　第 12 刷　発行	堀河　俊英
	発行者　曽根　良介
検印廃止	発行所　(株)化学同人

JCOPY〈出版者著作権管理機構委託出版物〉

本書の無断複写は著作権法上での例外を除き禁じられています．複写される場合は，そのつど事前に，出版者著作権管理機構（電話 03-5244-5088，FAX 03-5244-5089，e-mail: info@jcopy.or.jp）の許諾を得てください．

本書のコピー，スキャン，デジタル化などの無断複製は著作権法上での例外を除き禁じられています．本書を代行業者などの第三者に依頼してスキャンやデジタル化することは，たとえ個人や家庭内の利用でも著作権法違反です．

乱丁・落丁本は送料小社負担にてお取りかえいたします．

〒600-8074　京都市下京区仏光寺通柳馬場西入ル
編 集 部　TEL075-352-3711　FAX075-352-0371
企画販売部　TEL075-352-3373　FAX075-351-8301
振替　01010-7-5702
e-mail　webmaster@kagakudojin.co.jp
URL　https://www.kagakudojin.co.jp

印刷・製本　創栄図書印刷（株）

Printed in Japan　©J. Hayashi, T. Horikawa　2013　無断転載・複製を禁ず　　ISBN978-4-7598-1540-5